江苏科普创作出版扶持计划项目

1小时星际探索

追星历程

闻新——著

江蘇鳳凰教育出版社
Phoenix Education Publishing, Ltd

图书在版编目（CIP）数据

1小时星际探索．追星历程 / 闻新著．-- 南京：
江苏凤凰教育出版社，2022.12（2025.3 重印）
ISBN 978-7-5743-0256-3

Ⅰ．①1… Ⅱ．①闻… Ⅲ．①空间探索－普及读物
Ⅳ．①V11-49

中国版本图书馆 CIP 数据核字 (2022) 第 244982 号

书　　名	**1小时星际探索·追星历程**
作　　者	闻　新
责任编辑	李明非　赵瑀晗
装帧设计	夏晓烨
责任印制	石贤权
出版发行	江苏凤凰教育出版社（南京市湖南路1号A楼　邮编：210009）
苏教网址	http://www.1088.com.cn
照　　排	江苏凤凰制版有限公司
印　　刷	江苏凤凰数码印务有限公司（电话：025-83657309）
厂　　址	江苏省南京市新港经济技术开发区尧新大道399号
开　　本	889毫米×1194毫米　1/16
印　　张	14.25
版　　次	2022年12月第1版
印　　次	2025年3月第3次印刷
书　　号	ISBN 978-7-5743-0256-3
定　　价	58.00元
网店地址	http://jsfhjycbs.tmall.com
公 众 号	苏教服务（微信号：jsfhjyfw）
邮购电话	025-85406265，025-85400774
盗版举报	025-83658579

作者简介：

闻新，教授，博士生导师。曾先后在北京空间飞行器总体设计部、中国航天科工集团公司研发中心和中国航天二院二部工作。主持完成神舟飞船故障诊断系统、民用航天预研项目、“863”预研项目和总装预研支撑等项目，曾担任主任设计师、副总设计师和总指挥等职务。入选首批国防科工委的“511人才工程”。自2010年以来，从培养航天器总体设计和航天器控制人才的需要出发，从事“科学与艺术相结合”的实践研究，创建国家级精品在线课程和国家级一流本科课程“航天、人文与艺术”，并担任国内多所大学航天通识课程的特聘教授。担任《太空探索》《科学探索》等杂志的特约撰稿人，多次受邀作为中央电视台、东方卫视、江苏卫视等有关节目的嘉宾。

目 录

六．进入科学思维阶段

七．地心说诞生

八、遭遇异常天象

九、日心说诞生的前夜

十、进入日心说时代

十一、望远镜让人类看得更远

十二、天文学研究蓬勃发展

十三、天体不再神秘了

知识点

十四、用相机开启追星历程

十五、科技的进步推动宇宙探索

十六、太阳磁场和宇宙射线

十七、人类进入航天时代

十八、从航天时代到星际航行时代

十九、东方红卫星的诞生

二十、中国载人航天发展历程

前　言

从古到今，太阳、月亮和星星无时无刻不令人神往，人类文明的每一次进步，都与浩渺的宇宙有着千丝万缕的联系。德国哲学家康德曾说过，世界上有两件东西能够深深地震撼人们的心灵，一件是我们心中崇高的道德准则，另一件是我们头顶上灿烂的星空。

宇宙究竟来自于哪里？真是起源于一次爆炸吗？膨胀中的宇宙有终点吗？膨胀了还会有收缩吗？生命诞生是偶然的吗？人类是孤单的吗？该不该寻找地外文明？

人类赖以生存的地球，是不是无垠宇宙中唯一的偶然？如果时间的箭头可以扭转，你我可以回到过去，那今天的我们究竟身处何方？

这是一本讲述太空探索的科普书，因为青少年读者可以从中阅读到古今中外关于星际探索的经典故事；这还是一本百科全书，因为航天爱好者可以从中了解人类探索宇宙的过去、现在与未来的各种知识；这更是一本航天科普索引，因为读者可以从中找到促进人类文明发展的要素。

本书自2010年开始撰写，在编写过程中，得到了南京航空航天大学、南京财经大学和北京大学等高校的大力支持，尤其是南京航空航天大学航天学院和北京理工大学珠海学院专门面向全校新生开设了《太空探索简史》研讨课，并使用本书的部分内容作为课程教材。

本书的出版得到了江苏科普创作出版扶持计划的资助，南京航空航天大学科协主席高清军和左云飞老师对本书也给予了很大帮助，在此一并表示感谢。

闻新

2022年10月3日于南航将军路校区

你知道太阳系是怎样诞生的吗？远古时代，人类认为地球就是整个宇宙，随着科学技术的进步，人们逐渐认识到，地球仅仅是太阳系的一颗行星，地球在以太阳为中心的太阳系中运动，而太阳系也只是银河系的一部分。

关于太阳系的起源问题，人们一直没有找到答案。科学家们提出好几种假说，目前，由德国哲学家康德提出的“星云假说”被大部分科学家所接受。本章按照“星云假说”的观点，向读者介绍太阳系的形成。

一

太阳系的起源

1 太阳系是怎样形成的

在大约 46 亿年前，太阳系在远离银河系中心的某个地方形成了，它靠近银河系的边缘，距离银河系中心大约 2.6 万光年。当初的银河系是由 5 条旋转臂构成。在其中一条旋转臂上，宇宙云中的星际气体和尘埃渐渐开始收缩，形成质量较大物质。又过了 5000 万年至 1 亿年后，这些收缩的星云就诞生出了太阳。在太阳形成之后，周围环绕太阳运动的残余星云会在引力的作用下不断聚集，它们最终形成了太阳系的各大行星。

太阳系形成初期（假想图）

2 行星是怎样形成的

中国和美国都已经有能力到月球进行拍照和取样返回。科学家们在分析月球的照片和土壤后得出结论，月坑是由距今约 45 亿年大量天体的撞击而形成的。这一发现使“吸积理论”①有了依据，“吸积理论”认为宇宙尘团聚在一起成为颗粒，颗粒变成砾石，砾石变成小球，然后变成大球，再变成微行星（即星子）。最后，尘埃终于变成了月球那样的大小。随着星体越来越大，有一些星体在太阳引力作用下被太阳捕获后进入太阳轨道，成为内行星，如水星、金星、地球和火星。另外一些星体今天仍然独立存在，如小行星和彗星等。

微行星撞击到地球时的情景（假想图）

①吸积理论：吸积指天体因自身的引力俘获其周围物质而使其质量增加的过程。黑洞的吸积是天体物理学中最重要的基础理论之一。

3 地球是怎样形成的

大约在 43 亿年前，由于地球自身的辐射、内部引力的加热和天外流星的撞击，地球基本处于融化状态，进而产生了较重的铁元素沉积到地心，较轻的地壳和地幔浮在地核之上并包围着地核的现象。

当时，地球就有大气层，主要是由氢气和氦气组成，但由于太阳辐射，这些氢气和氦气都逃逸到了太空。

早期地球受到大冲击后深层岩浆被挤压到表面上

4 地球环境是怎样形成的

大约在 40 亿年前，地球上的火山爆发喷射出来的气体改变了大气成分，水蒸气、二氧化碳和氮气进入了地球的大气层。之后，水蒸气上升形成了云，不久又转化成雨落到地球上。雨水聚集成为江湖、河流和海洋盆地，并吸收大气中的二氧化碳。少量氧气出现在大气层里，氮气也在不断累积。

月球则不像地球那么幸运，没有大气层保护，所以它一直遭受来自宇宙碎片的撞击，有些撞击它的碎片甚至与一座城市的面积一样大。

早期地球的环境（假想图）

知识点

地球上的化学元素是从哪里来的？

天文学家告诉我们，宇宙最初主要是由氢气和氦气组成。如果是这样，地球上大量的元素来自于哪里？答案是来自恒星。

比如，作为恒星的太阳，它通过融化自己内核的原子，创造出大量的化学元素。特别是当恒星死亡的时候，则释放出更多化学元素和物质，包括二氧化碳、硅、氧和铁等等，甚至也可能释放出生物体，进而丰富了宇宙尘云。

地球上的元素来自恒星（假想图）

太阳系形成的三大假说

（1）星云假说

康德，德国科学家，哲学思想家，他发表的《宇宙发展史概论》，大胆否定了宇宙起源的神创论，提出了宇宙起源的“星云假说”。

星云假说，首先由德国哲学家康德提出来。几十年以后，法国数学家拉普拉斯又独立提出了这一观点。他们认为，整个太阳系物质都是由同一个原始星云形成的，星云的中心部分形成太阳，星云外围部分形成了行星。然而，康德和拉普拉斯的观点也有着明显的差别：康德认为太阳系是冷的尘埃星云的进化性演变，先形成太阳，再形成行星；拉普拉斯则相反，他认为原始星云是气态的，且十分灼热， 因其迅速旋转，先分离成圆环，圆环凝聚后再形成行星。尽管他们的观点有较大的差别，但大前提是一致的，因此，人们便将其观点糅合在一起，称为“康德－拉普拉斯假说”。

（2）灾变假说

“康德－拉普拉斯假说”无法解释太阳和各行星之间动量矩的分配问题，因此在20世纪初，灾变假说又盛行起来。这一假说的代表人物是英国天文学家金斯。他认为，形成行星的原始物质，是因为当行星接近太阳时，在太阳表面产生了很大的潮力。因为距离非常近，完全可以视为一次碰撞，太阳受到潮力的作用，从太阳表面抛出一股气流，气流凝聚后，变成了行星。这一假说有许多变种，包括星子说、恒星与太阳相撞说等等，这些都属于灾变假说。这一假说，足足占据了天文学家们的头脑达30年之久。

（3）俘获假说

不管怎样，天文学家们的研究表明，气体中的物质在空间弥散开来之后，不会发生凝聚现象，这是对灾变假说的“釜底抽薪”。因此，俘获假说便应运而生。这一假说最早是由苏联科学家施密特提出来的，他认为，当太阳经过气体尘埃星云时，会将星云中的物质据为己有，形成绕太阳旋转的星云盘，逐渐形成各个行星及其卫星。德国的魏扎克、美国的柯伊伯也都是这一观点的拥护者，但他们的看法与施密特稍有不同。魏扎克认为，行星是在绕太阳旋转的气体尘埃的旋涡中形成的。柯伊伯则认为，行星是由星云盘上瓦解出来的一些气体球形成的。

太阳系

一个永恒的问题：宇宙何时诞生、宇宙因何诞生

宇宙何时、因何诞生？这是哲学家与科学家永恒的追问。目前，最有说服力和影响力的理论就是“宇宙大爆炸学说”。

20 世纪初，美国天文学家哈勃不但发现银河系外存在其他星系，还发现星系普遍存在着红移现象。当光源远离观测者运动时，观测者观察到的电磁波谱会发生红移，因此，这意味着星系普遍处于相互分离的运动状态。红移现象的发现，表明整个宇宙在做膨胀运动，红移现象恰好和爱因斯坦的广义相对论中动态宇宙论的预言是一致的。

于是，很多科学家开始接受宇宙膨胀的事实，并开始探索为什么宇宙会膨胀。1932 年，比利时天文学家勒梅特首次提出了宇宙大爆炸理论：宇宙最初只是一个小块，这个小块一次又一次地发生大爆炸，最终就形成了现在的宇宙。

宇宙大爆炸理论并不是勒梅特凭空想象。根据哈勃常数的测定可以得知，宇宙膨胀是在 200 亿至 100 亿年前的某一刻开始的。迄今为止，科学家们观测到的所有天体中，年龄都是小于 200 亿年的。由此可以推论：宇宙年龄不是无限的，宇宙存在是以某一个时间为开端的。

1948 年前后，美国物理学家伽莫夫在勒梅特的基础上，提出了“宇宙大爆炸学说”，建立了“热大爆炸”的观念：宇宙的爆炸不是以某个点为中心，而是在宇宙中每处空间都会发生的。

20 世纪 60 年代，美国天文学家彭齐亚斯和威尔逊发现了微波背景辐射，后来证实这是宇宙大爆炸时留下的痕迹，这一发现为宇宙大爆炸理论提供了有力证据，也得到了众多科学家的认可。

宇宙大爆炸的过程大致是这样的图景：宇宙最开始是一个规模极小、高温、高密度的“原始火球”的“大爆炸”。由于温度极高，除了产生能量其他什么都没有。然后慢慢冷却和向外扩散，能量的形式开始发生变化。

据科学家推测，在大爆炸后的 1 秒钟内，在一些较热的点上，能量开始转变为粒子

天文学家哈勃

天文学家勒梅特

物理学家伽莫夫

天文学家威尔逊（左）和天文学家彭齐亚斯（右）

对“宇宙大爆炸学说”发展做出重要贡献的五位天文学家

和反粒子。在较冷的点上，形成了宇宙间最初的间隙。由于相互间的电磁引力，绝大多数粒子和反粒子相互靠近结合在一起。

大爆炸 3 分钟以后，对于要组成新物质的亚原子粒子来说，极高的温度依然不适合组成物质。后来，温度渐渐冷却后，它们组成了原子核。原子核和冷却后的电子结合形

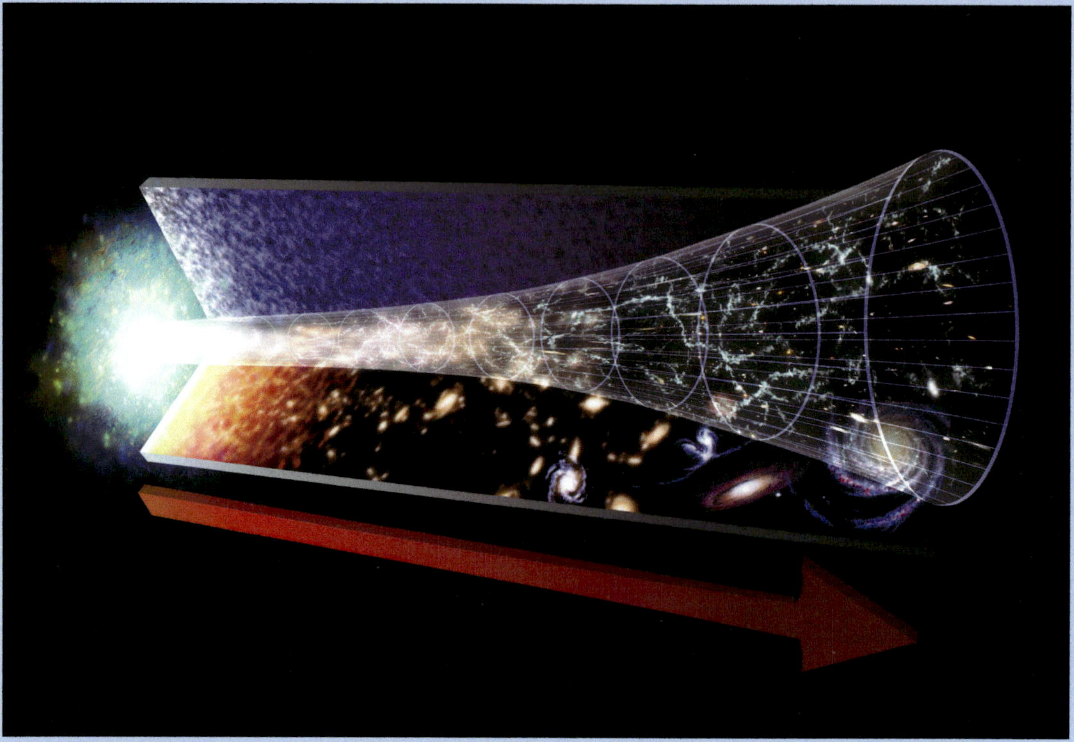

宇宙大爆炸 150 亿年（假想图）

成第一批原子，大约需要 30 万年的时间。在形成的化学元素中，大约有 20% 的原子核是较重的氦原子核，剩下的 80% 则是组成氢的氢原子核。

就这样，经过了大约 150 亿年的漫长演化，先后诞生了星系团星系、银河系、太阳系、行星、卫星等，形成了当今的宇宙形态。而我们人类也就是在宇宙演变的过程中诞生的。

宇宙大爆炸理论虽然能较为合理地解释宇宙诞生的一些问题，但仍有许多地方是值得商榷的。比如，宇宙大爆炸理论说宇宙诞生前是一个非常小的点，很多科学家认为这个点是没有体积的，可倘若没有体积，就不存在“点”了。因此，宇宙大爆炸理论还需要更多的证据，目前还不能完全战胜其余假说，甚至有些人利用神学“论证”宇宙起源问题。比如，以色列物理学家杰拉尔德·施罗德，他认为科学与灵性之间存在固有的联系。杰拉尔德·施罗德根据爱因斯坦的相对论，把6天换算成三维空间中的时间轴，于是就推导出6天等于138亿年。

以色列物理学家杰拉尔德·施罗德

宇宙创生于大爆炸，在其后的恒星形成和星系演化过程中各种生命所需的元素不断合成。46亿年前，太阳系在银河系的一条旋臂上形成，并开始演化。与此同时，地球在太阳系的相应位置开始朝行星演化。在地球早期，海洋已经形成，且拥有丰富的简单有机碳化合物、金属化合物、氢气、硫化氢和甲烷等，这些物质最终脱离了地球化学反应空间的约束，而形成能够独立进行能量代谢和遗传物质合成的生命个体。

二

地球生命的起源与演化

1 地球上最早的生命是什么

在大约38亿至35亿年前，原始生命诞生之初是厌氧细菌一类的原核生物，原核生物是地球上最早出现的生命，它是一种细菌，大部分原核生物为单细胞生物。原核细胞具有多种形状，如球形的称为球菌，杆状的称为杆菌，螺旋形状的称为螺旋体门，逗号形状的称为弧菌属。在环境适宜情况下，原核生物繁殖很快。如在海底的温水喷口处，可以迅速生长，随后又转化成能够进行光合作用的蓝藻类生物。

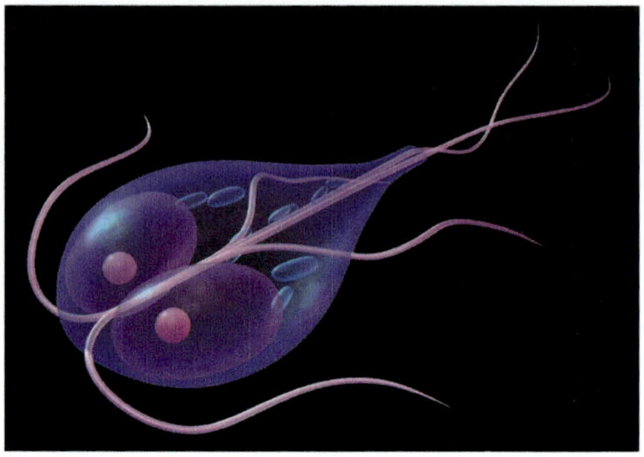

鞭毛虫

原核生物在地球上占支配地位大约15亿年，目前地球上仍然还有原核生物的生命。鞭毛虫就是原核生物，鞭毛虫靠寄生生活，主要寄生在动物的消化道、泌尿道、血液里，延续后代是以二分裂方式繁殖。

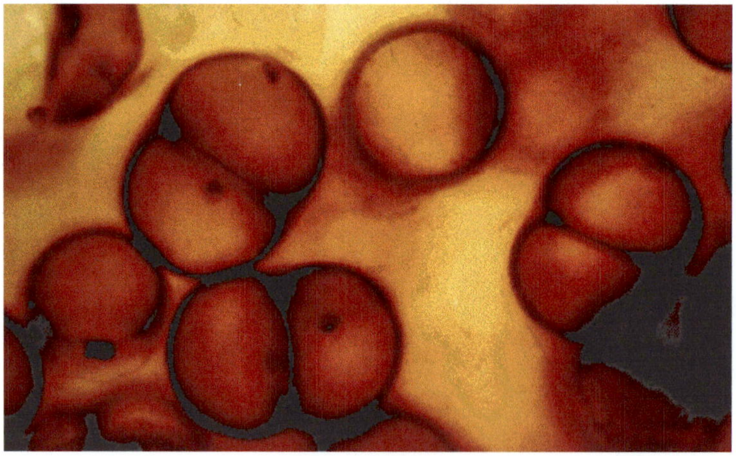

显微镜下的原核生物

2 地球氧气急剧增加会发生什么

在大约30亿年前，地球大气层中的游离氧含量突然增加，科学家把这种现象称为“大氧化事件”。这次事件使地球上矿物的成分发生变化，为日后各种生命的诞生提供了机会。

地球“大氧化事件”的具体原因尚不得知，但大多数科学家认为，大约30亿年前，地球大气层里有微量的氧气存在，由于海藻类植物进行光合作用，使得地球上的氧气迅速增加，而破坏氧气的甲烷细菌所依赖的镍的数量急剧减少，使得大气中的含氧量大量增加。

当时的地球，只有少数的区域存在不含杂质的纯氧。但由于地壳突然在24亿年前急速变化，在2亿年的时间里大气中的纯氧含量急速增加了1万倍，于是就出现了“大氧化事件”。

“大氧化事件”改变了地球上的生命（假想图）

3 地球上最早的动物是什么

大约在 25 亿年前，地球生物进入大量繁衍时期。生物体呼吸氧气，开始茁壮成长，同时借助 DNA 大规模繁衍。DNA 作为执行生物遗传功能的分子，从亲代到子代的复制过程中，遗传信息传递可以高度保真。

海蜇是地球的早期生命之一

那么，地球上最早的动物是什么呢？科学家通过检测海绵基因并与其他动物，如苍蝇、鱼、蛙和人的基因进行比对，发现地球上动物最早的祖先是海绵，包括藻类、扁形虫和海蜇等，它们在地球上已生存至少 6 亿年了。

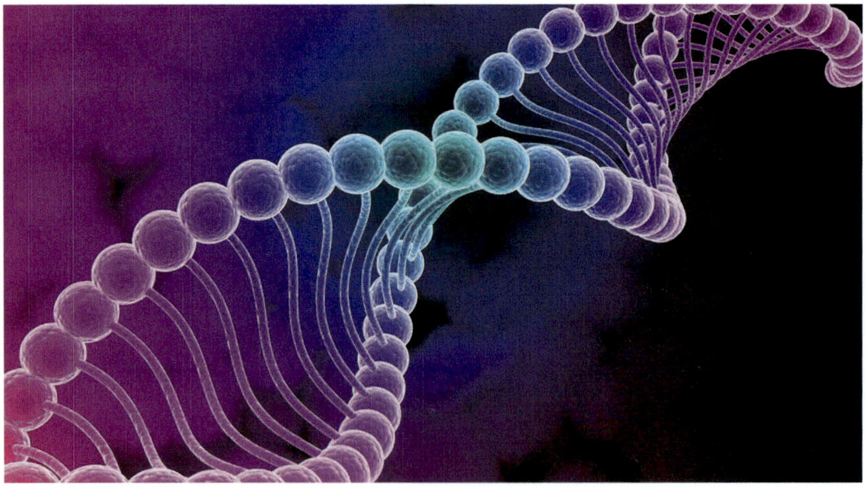

DNA 链的分子动力学模型

4 地球生命大爆发是在什么时候

美国古生物学家查尔斯·都利特·沃尔科特在化石采石场

寒武纪生命大爆发是指大约 5.7 亿年前至 5.3 亿年前，在 6500 多万年时间里地球的海洋里突然出现众多种类的生物，至今为止考古学家还没有在地层中找到更为古老的生命化石迹象。目前，寒武纪生命大爆发被视为古生物学和地质学上的一大悬案，自达尔文以来就一直困扰着学术界。

关于寒武纪生命大爆发的生物化石遗迹，在世界很多地方被发现，如加拿大不列颠哥伦比亚省的伯吉斯页岩。1909 年，美国古生物学家查尔斯·都利特·沃尔科特在野外调查结束的时候，发现了伯吉斯页岩。隔年，他带着他的几个儿子在那里建立了采石场开挖化石，直到 1924 年他 74 岁为止，几乎每年都到那里挖掘，总共发掘了 65 000 件化石标本。

伯吉斯页岩（5.7 亿年前至 5.3 亿年前）

5 奥陶纪物种大灭绝的原因是什么

在 4.3 亿年前，也即在奥陶纪期间，85% 的海洋物种在 6700 万年时间内完全灭绝了。科学家认为，导致奥陶纪物种大灭绝的原因很可能是一颗直径大约为 12 千米的天体撞击地球造成的，但考古学家和天文学家至今还没有找到奥陶纪物种大灭绝与天体撞击地球的直接证据。

此外，有些科学家推测，可能是由于一颗超新星释出的伽马射线，持续了 10 秒，摧毁了地球的部分臭氧层，导致太阳释出的紫外线肆无忌惮地袭击地球，引发地球浅海处的大量生物死亡，从而导致食物链被破坏。

奥陶纪的三叶虫化石

6 生命是如何从海洋走向大陆的

大约在 4 亿年前至 3.5 亿年前，海洋生物逐渐离开水环境并适应在陆地上生活，逐渐进化成了两栖动物和昆虫。最早的陆地动物像鱼类一样，如具有四条腿的“鱼甲龙”，这种动物是最原始的两栖类。而最早出现在陆地上的植物是裸蕨类植物。

从海洋走向陆地的“鱼甲龙”化石

一亿年竟然发生了两次生命大灭绝事件

在泥盆纪末约 3.6 亿年前，发生了第二次物种大灭绝，大约 85% 的物种灭绝了。目前科学家还没有弄清楚灭绝的原因，但他们怀疑有可能是一颗陨石撞击地球所造成的。

晚泥盆纪期间灭绝的古动物化石

在大约 2.5 亿年前，二叠纪时期末，一个不为人知的全球性的灾难性事件，杀死了大约 95% 的海洋生物和许多陆地动物。这个地质时期从大约 2.9 亿年前起，一直持续到 4200 万年前，这是地球历史上最大的物种灭绝。造成这次灾难性事件的诱导因素，可能是火山喷发、陨星或彗星的撞击等等。

二叠纪时期末的古化石

7 恐龙前时代发生了什么

大约 2.1 亿年前，也称三叠纪，位于二叠纪和侏罗纪之间。三叠纪的开始和结束各以一次灭绝事件为标志。这段时间的海平面下降之后又上升了，出现了大面积缺氧的海水，所以岩石标志非常明显和清晰。在 2.4 亿年前至 2 亿年前这段时间，地球上消失了 75% 的物种，包括昆虫、脊椎动物和海洋生物。

恐龙是三叠纪灭绝事件中最大获益者。在此后的 1.3 亿年中，恐龙是地球上最主要、种类最多和数量最大的动物群，它们成为地球的霸主。它们统治地球直到第五次物种大灭绝。

曾经的地球霸主——恐龙（假想图）

8 哺乳动物和飞行动物出现在什么时候

哺乳动物最早出现在三叠纪末到侏罗纪初。大约 2 亿年前，一种小小的、毛茸茸的鼠类动物，从爬行动物进化到哺乳动物，这类动物的外观体形与今天人们所见的松鼠差不多，身体全长约 10 厘米，体重大约是在 40 克至 300 克之间，有尾巴、嘴、鼻子和足，并且其尾巴和足部特征表明它们平常都在树上生活，以昆虫、果实和坚果作为食物。

始祖鸟是一种带翅膀的爬行动物，它起源于三叠纪的二脚行走的槽齿类，也是人类所知道的最早的鸟。从始祖鸟的化石构造分析看，它与初龙类有亲密的关系。始祖鸟的翅膀展开时大约为 12 米长，是迄今为止具有飞行能力的最大的动物。目前科学家认为，始祖鸟飞行能力与野鸡相当，适于短距离的树间或树到地间飞行。

最早的哺乳动物

始祖鸟化石

知识点

生命起源的假说

生命来自于外太空吗？1986 年，欧洲航天局发射了乔托号探测器跟随哈雷彗星，其目的是收集和检测彗星灰尘颗粒，希望从这些颗粒中获取太阳系诞生的初期物质。科学家们推测，彗星灰尘颗粒就是 40 亿年前地球生命“原生汤”，这种汤的原始成分有氨基酸之类的物质。“原生汤”很可能是在太空闪电和地球引力的共同作用下掉到地球上的。在地球环境下，“原生汤”就会创造出原始生命组织所需要的蛋白质。

（1）无生源论

无生源论又称“自生论”或“自然发生说”。这种观点认为，生物可以随时由无生命的普通物质转化而成，或者由一些完全不同的物质产生。

中国古人认为的“肉腐烂后生虫”，亚里士多德说的“有些鱼由淤泥及沙砾发育而成”、欧洲中世纪一些人认为“树叶落入水中变成鱼、落在地上则变成鸟”等等，这些观点都属于无生源论。

（2）生源论

生源论认为，生物不能在自然界中自发产生，只能由上一代产生。“蛆是由蝇产卵后孵化出的幼虫”是生源论的观点。

17 世纪的意大利医生雷迪首先用实验证明：腐肉并不能生蛆，蛆是由蝇产卵后孵化出来的。19 世纪的法国生物学家巴斯德经过研究证明：不但结构复杂的生物不能自然产生，就是结构简单的微生物也只能由上一代或它们的孢子产生。从此，生源论就在科学界占了主导地位。

生源论解释了生物的亲代遗传现象。

（3）宇宙胚种论

宇宙胚种论认为，地球上的原始生命来自别的星球或宇宙中的“胚种”，它们可以通过陨石或其他方式到达地球。

宇宙胚种论在 19 世纪时非常流行，至今还有少数科学家仍在坚持。如英国的天文学家霍伊尔经研究推测，根据某些细菌在高温、干燥或强辐射等条件下也能生存的事实，宇宙胚种能通过种种恶劣环境而到达地球。

随着宇宙探索活动的发展，获得宇宙胚种论的证据指日可待。

（4）化学进化论

化学进化论主张从物质的运动变化规律来研究生命的起源，认为在地球诞生初期的原始条件下，无机物可以转变为有机物，有机物可以发展为生物大分子和多分子体系，直到诞生最原始的生命。

1924 年，苏联科学家奥巴林首先提出了这种观点；1929 年，英国科学家崔尔丹也提出了类似的观点。他们都认为地球上的生命是由无生命的物质经过长期演化而来的，这一过程被称为化学进化。

通过科学家的努力，化学进化论的实验证据越来越多，它已被越来越多的科学家所接受。

1936 年，论述生命起源的第一部专著，奥巴林的《地球上生命的起源》一书出版，这是世界上第一部全面论述生命起源问题的专著。书中认为，原始地球上无游离氧的大气在紫外线等能源的作用下，首先生成生物小分子，生物小分子又生成生物大分子，生物大分子在原始海洋中进而形成多分子体系的团聚体，团聚体经过长期演变和“自然选择”，终于形成了原始生命。

在大约6500万年前，一颗直径为10千米至16千米的陨石或小行星，狠狠地砸到了今天墨西哥尤卡坦半岛附近，引起了剧烈的爆炸，随之又产生了巨大的海啸，掀起了弥漫全球的尘埃。浓厚的尘埃和大量碎石被抛入到大气中，形成了遮天蔽日的尘雾，像地毯一样阻止了太阳光线照射地球，破坏了植物的光合作用。持续半年后，地球上的食物链遭到破坏，进而导致恐龙灭绝。

然而，在这次灾难里，哺乳动物的祖先“大带齿兽”却顽强地活了下来，它们的后代在恐龙时代结束后成为地球的统治者。

三

人类的诞生

1 人类祖先是南方猿人吗

考古学家认为：人类最早的祖先是南方古猿，它源于人类共同祖先黑猩猩的分支。在大约 400 万年前，由于当时东非地区环境不断从潮湿向干燥转变，导致大量的森林变成草原，而南方古猿的子子孙孙在那里不断进化，逐渐地适应了环境而繁衍下来。

人类最早的祖先——南方古猿

仙女座星系是距离银河系最近的星系，人类很早就发现它了，因为它是人类用裸眼唯一能观测到的最远的深空天体。早在 1000 多年前，一位波斯天文学家就把它的存在描述为夜空中的一朵“小云”。进入望远镜时代，第一个用望远镜观测和记录仙女座星系的天文学家是德国的西门 · 马里乌斯，时间是 1612 年。

科学家曾做过一个有趣的假设：如果时光倒流，在大约 250 万年前的某一天，当太阳光照射到非洲大草原时，人类祖先南方古猿看到了这束光，而这束光穿透宇宙空间，到达了仙女座星系，如果那时在仙女座星系上，就能看到当时非洲大草原的情景。

仙女座星系

2 最早的“能人”是我们今天所说的“能人”吗

1960年，科学家在坦桑尼亚西北部的奥杜威河谷附近，发现了“能人”遗迹。“能人”是介于南方古猿和猿人的中间类型，生存在约220万年前，是地球最早的人类种族。“能人”身高约1.3米，门齿和犬齿较大，而且有一双长长的手臂，能够制作和使用石质工具。

目前，考古学家认为：“能人”是“匠人”的祖先，“匠人”是“直立人”的祖先，但还不确定“智人”是否是“能人”的直接后代。

“能人”的头骨

3 “智人”最早出现在非洲吗

在大约 16 万年前，非洲是现代人类最早的家园，今天的大部分科学家称那里的古人类为“智人”。“智人”并不是 13 万年前至 12 万年前出现在欧洲及西亚的古人类，这两种古人类的头骨和身体形态有些差异。另外，“尼安德特人”，简称“尼人”，也不是“智人”。经过 16 万年的时间，“智人”从热带到南北两极不断繁衍。在大约 24 000 年前，“尼人”由于某种不明的原因消失了，唯有“智人”生存并繁衍下来。

最早出现在非洲的智人（假想图）

4 人类的进化有几个阶段

从猿到人的过渡阶段结束后，人类的体质形态仍在继续发展。在一个较长的时期内，人们把这一发展过程分为猿人、古人、新人三个阶段。但是，由于化石材料的不断丰富和人们认识的不断深化，这一分期法已不适用。

目前，国际上认可的分期法主要有两种。一种分法为：南方古猿、直立人、智人。其中智人又分为：早期智人和现代智人。

另一种分法为 4 个阶段：最早人类、直立人、早期智人、现代智人。

而中国学者也提出了 4 个阶段的划分法：早期猿人、晚期猿人（直立人）、早期智人、晚期智人。“早期猿人”相当于“最早人类”阶段。

人类进化示意图

月球是最早进入人类文明体系的天体，“人有悲欢离合，月有阴晴圆缺”，古人根据月相变化创造了月历。天文台是人类探索星空不可缺少的基础设施，它出现在望远镜之前，古人通过建造天文台夜观天象来制定历法。

四

最早的历法

1 最早的“月历”是怎样的

大约 100 多年前，在法国南部的阿布里 · 布朗夏尔洞，人们发现了古人在动物骨骼上留下的记录月球月相的痕迹。那时，很多关于时间的记录和追踪，都是通过月亮的规律性变化来体现的。

在非洲中心地区，考古学家发现黑骨头（伊塞伍德骨）上面也刻有一些符号，符号代表数字，似乎是每月循环跟踪月相的标志。科学家经过研究确认这种黑骨头也是一种早期的史前“月历”。

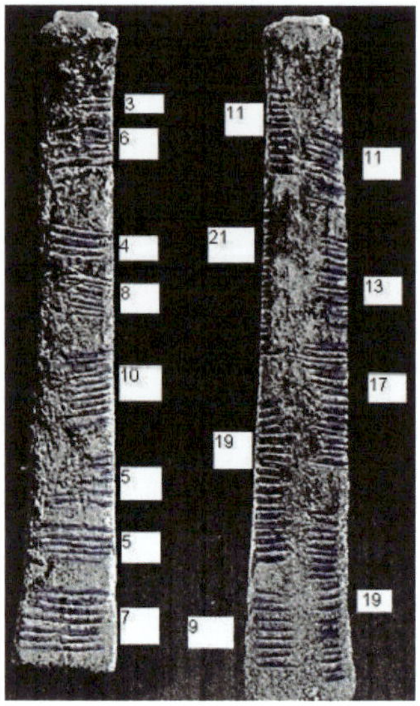

记录有数字的黑骨头

记录月相的动物骨骼

2 “史前卢浮宫”壁画中真有月相吗

1940 年，在法国韦泽尔峡谷中，有 4 个少年带着狗在追捕野兔，突然野兔和狗都消失了。孩子们这才发现兔和狗跑进一个山洞，当他们进入山洞后，洞中的场景让他们大吃一惊，这就是著名的拉斯科洞窟壁画发现过程，这个山洞也被称为“史前卢浮宫”。

在这个山洞里，人们看见一个不规则形状的圆厅画廊，圆厅顶部有 65 头大型动物壁画，野马、野牛、鹿等等，从 2 米到 3 米长，还有 4 头公牛，最长的约 5 米以上。后来，经过专家鉴定这些壁画有 15 000 年的历史，其中的画面也画出了月相，这是最古老的月历之一。

拉斯科洞窟壁画

3 365 日历法是根据哪一天体变化制定的

公元前 4236 年，埃及人创造了一年 365 天公历，并且将一昼夜划分成 24 小时。当时埃及人依靠尼罗河生存，所以尼罗河就是埃及人的母亲河，但是尼罗河每年都周期性地泛滥，为了计算尼罗河泛滥周期的需要，他们把天狼星第一次和太阳同时升起的那一天，作为一年的开始，因为这之后，再过 60 天左右就是尼罗河泛滥的时候。

最初的公历设为一年 360 天，后来改为一年 365 天，由于公历是观测天狼星确定出来的，所以公历也被称为“天狼星年”。随着时间的流逝，埃及人根据尼罗河泛滥和农业生产的情况，把一年分为三季，分别为洪水季、冬季和夏季。每季 4 个月，每月 30 天，每月里 10 天为一大周，5 天为一小周。全年 12 个月，另加 5 天在年尾，为年终祭祀日。

尼罗河

4 古墓里的太阳观测台是什么样的

在爱尔兰的纽格兰奇有一座建造于大约公元前 3200 年的古墓，这座古墓直径约 80 米、高约 10 米。古墓的通道恰好与太阳对准，使得到了冬至那天，太阳光线从通道照射进去，可以照亮古墓里的后壁。这也是目前发现最早的太阳观测台。

爱尔兰纽格兰奇的古墓

5 金字形天文台是谁建造的

金字形神塔是居住在两河流域的古代苏美尔人建造的庙宇，一般都建在高地上，也是苏美尔人崇拜神祇的象征性建筑物。公元前 4000 年，苏美尔地区的天文学家在金字形神塔的顶端设立天文台，用以观测夜晚的天空。

金字形神塔是金字塔结构的建筑物，呈现出一种矩形，或者正方形的平台，平台由多层构成，层的数量从 2 层到 7 层不等，自底向上面积逐渐缩小，顶部是平坦的。晒制砖构成金字神塔的内核，而烤制砖构成金字神塔的外表。外表通常被不同颜色的釉所装饰，具有占星意义。国王的名字有时候会刻在这些砖头上。

最古老的金字形神塔

6 玛雅历法真的预言过“世界末日”吗

“长历法”是南美的玛雅人创造的，也称为玛雅历法，这种历法把最初的计算时间一直追溯到玛雅文化的起源时间，即公元前 3114 年 8 月 11 日。在玛雅历法中，1 872 000 天算是一个轮回，即 5125.37 年。从公元前 3114 年 8 月 11 日起，到 2012 年冬至，正好是 1 872 000 天，就意味着一个时代的时间结束了，即完成了 5125.37 年的一个轮回。由此可见，关于网络上流传的玛雅预言 2012 年冬至是世界末日的观点是错误的，而正确的观点是公元 2012 年 12 月 21 日是玛雅历法中重新计时的“零天”，表示一个轮回结束，一个新的时代的开始，而并非指世界末日。

玛雅遗迹

7 巨石圈是用来观测天象的吗

公元前 2900 年至公元前 1600 年，在英格兰索尔兹伯里平原上出现了不同时期建造的巨石阵，也称为巨石圈。巨石圈石头的布局与天文现象紧密联系，它的主轴线与夏至早晨初升的太阳在同一条线上，其中还有两块石头的连线指向冬至日落的方向。

至今为止没有人知道当初建造它的目的到底是什么。一些专家猜测这些巨石圈是人们在季节变化之际举办庆祝活动的遗址，或是早期英格兰部落举行仪式的中心。另一些科学家们则猜测这些巨石圈是用来悼念死者的纪念物，因为在早期英格兰的墓葬中发现一些石器雕刻，而巨石圈中的石柱上也有一些类似的雕刻。

英格兰威尔特郡索尔兹伯里平原的巨石阵遗址

8 中国最古老的天文台在哪里

20 世纪末，一座庞大的史前古城在中国山西的汾河之滨被发掘，其中出土了一处半圆形遗迹，考古学家经考证认为这是一座中国最古老的天文台，大约修建在公元前 2296 年。据史料记载，中国是世界上天文学起步最早的国家之一，在世界天文发展史上，中国观测天文所取得的成果占有重要地位，这包括太阳黑子、超新星和日食的观测记载。中国也是最早观测彗星的国家，哈雷彗星每 76 年出现一次，史料记载中国已经观测到 31 次。

中国山西省襄汾县的陶寺古观象台

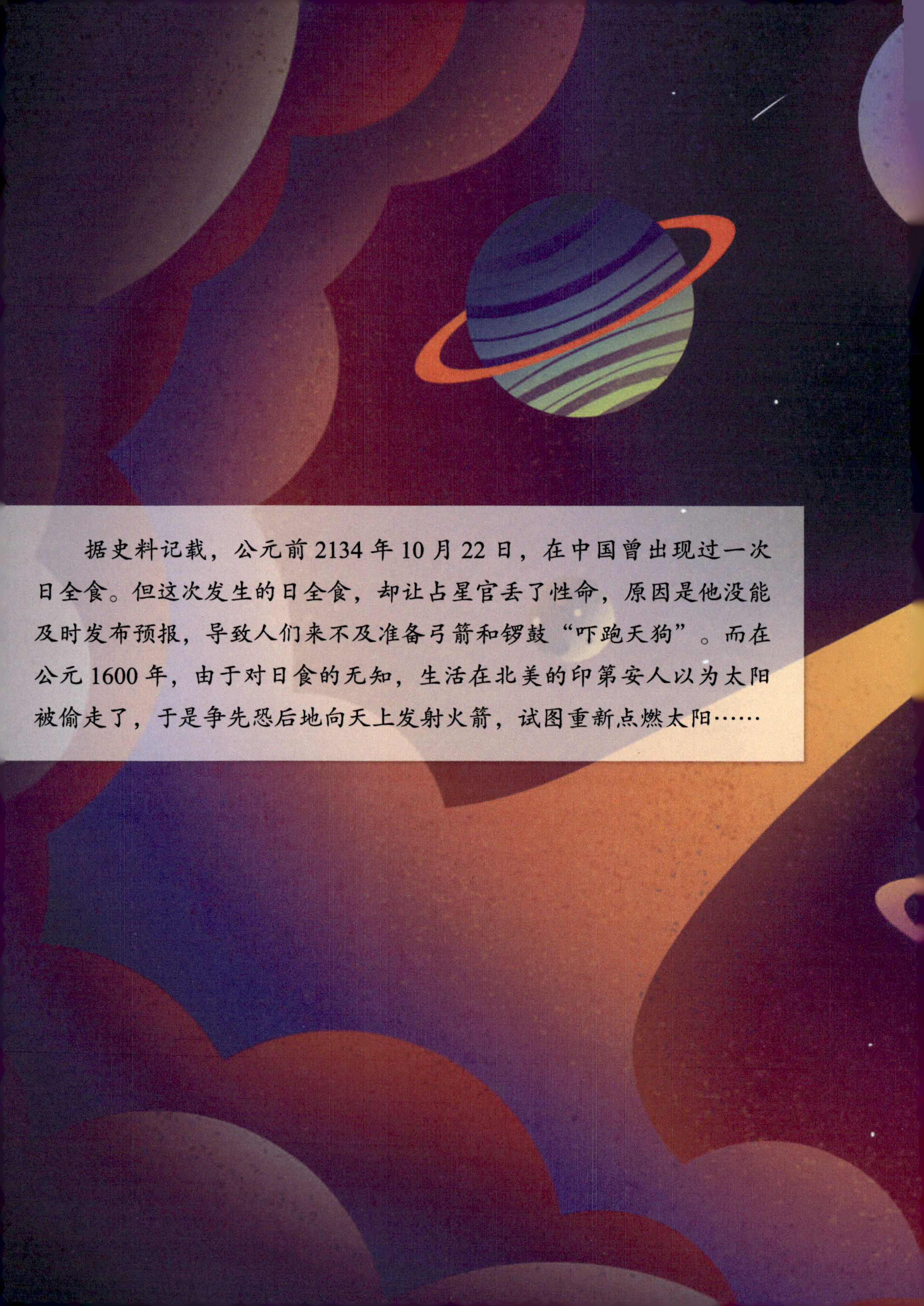

据史料记载，公元前 2134 年 10 月 22 日，在中国曾出现过一次日全食。但这次发生的日全食，却让占星官丢了性命，原因是他没能及时发布预报，导致人们来不及准备弓箭和锣鼓“吓跑天狗”。而在公元 1600 年，由于对日食的无知，生活在北美的印第安人以为太阳被偷走了，于是争先恐后地向天上发射火箭，试图重新点燃太阳……

五

发现日食、月食和月相

1 有趣的月食现象

公元前 2000 年，世界最早的月食记录出现在美索不达米亚地区（即今天的幼发拉底河与底格里斯河一带），其次是中国公元前 1136 年的月食记录。当满月暂时进入地球的黑暗阴影时就会发生月食现象，此时不用望远镜也能很容易地观察到。

古代中国与非洲民间称月食现象是“天狗吞月”。东汉天文学家张衡认为，月食是地球走到月亮的前面把太阳的光挡住了。另外，在人类有航天能力之前，天文学家一直通过观测月食来探索地球的大气结构。如公元前 4 世纪，亚里士多德在月食期间发现地球的影子是圆的，进而推断地球是球形的。

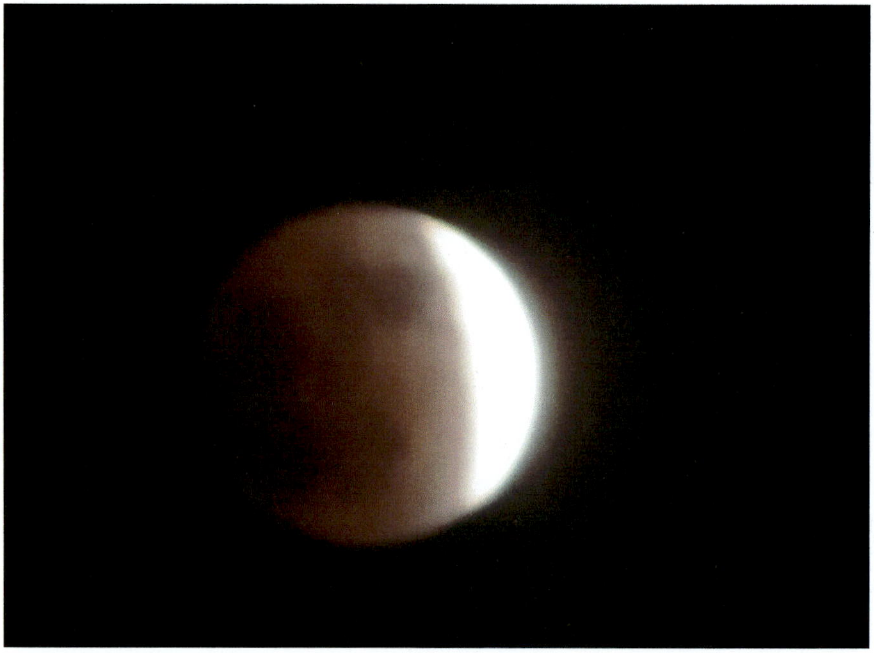

发生月食

2 借助月相创建历法规则

公元前 1800 年，古巴比伦天文学家开始记录月亮升起时间和新月出现日期，他们也是世界上第一代比较系统地观测星空的人，并且发明了历法规则。新月开始在日月合体后的一两天，它的发生时间取决于太阳和月亮的运行速度以及月亮在地平线上的高度，因此古巴比伦人将这种现象的出现作为一个月的开始。他们利用月相周期计算历法，一个月相周期为 29.5 天，制定了大月 30 日，小月 29 日的历法。

周期变化的月相

3 最早记录日食的黏土板

在远古时代的黏土板上，考古学家发现了日食的有关记录。人类早期描述日全食，可追溯到公元前 1223 年 3 月 5 日上演的日全食，当时古代的巴比伦人将这次观测日全食的一些现象记录在一块黏土板上。直到近代，考古学家们才在叙利亚北部海岸的乌里加特的废墟里发现了这块黏土板。

记录了公元前 1223 年日全食信息的黏土板

4 人类最早的年鉴

年鉴是人类记录自己在劳动实践中取得的系统的知识，特别是从地球角度年复一年、周而复始地观察天体运动而取得的天文知识的最早出版物。

人类最早的年鉴，是远古时期埃及法老统治时代创建的。那时的年鉴里已经涉及了许多著名的星座和恒星，如猎户座、天狼星、水星、金星、木星、土星等等。

埃及阿布辛拜勒神庙的法老拉美西斯二世的雕像，其中一个雕像因地震缺损了头部

5 《易经》预测太阳黑子存在的可能性

《易经》不仅反映了中国古人对天文历法与易学的相通性，也是一部关于事态变化之书，它能对未来事态的发展进行预测。在公元前 800 年，《易经》涉及了彗星、流星、日月以及各种星图、星表等丰富的天文内容，而且还涉及了关于存在太阳黑子的猜测。

当时的占星师，利用薄云雾来过滤和减弱日光的强度，因而可以偶然地观察到太阳黑子，也证明了《易经》的猜测是正确的。不过，用这样的方法观察太阳是很危险的，并且很可能对观察者造成永久性的眼部创伤。

傍晚透过薄云雾观测到的太阳

6 天象与农业

据传说，生活在公元前 8 世纪的古希腊诗人赫西俄德，经常去缪斯的住地，他们渐渐成为朋友。赫西俄德有一天在放羊时，缪斯给了他写诗的本领。后来，赫西俄德采用诗歌形式，给人们叙述了怎样利用星象来判断收割农作物的最佳时机，这也类似于今天人们利用月相来判断播种和收获的时机。

赫西俄德

经过一代又一代人的努力，一些哲学家和天文学家发现了地球的运动规律，但因缺乏科学理论支撑，所以没能获得普遍认可。在古希腊时代，随着对天体的认知不断深入，人们发现星象是有规律可循的，这使天文观测渐渐进入了科学思维阶段。

六

进入科学思维阶段

1 谁发现了地轴倾角

公元前 480 年，古希腊自然哲学家恩诺皮德斯确认了地球自转轴是倾斜的，即地球绕太阳的公转平面与地球自转轴不是垂直的，而是存在一个角度，并且在公转过程中地轴的指向不变。他经过仔细研究，测量出地球自转轴的倾斜角度为 24°，与后来公认的角度（23.5°）非常接近。

柏拉图

就在测量出地轴倾斜角度的 50 年后，也就是公元前 427 年，古希腊哲学家柏拉图诞生。尽管当时他接受的教育是宇宙类似水晶球的概念，即所有天体统统都在这个水晶球里，并围绕着地球旋转。但他经过研究后，确认月球本身不发光，我们看到的月光是太阳的反射光。

倾斜的地球自转轴

2 是古巴比伦人测算出一年的长度吗

公元前 400 年至公元前 300 年，古巴比伦人经过长期的观测，已经知道了月亮和五大行星（水、金、地、火、木）的运行周期，并创造出了非常精确的月球和行星位置图表，而且可以根据行星位置图表，预报日食和月食与行星会冲现象。与此同时，巴比伦的天文学家、数学家基丁努计算和测量出了一年（太阳年）时间的长度为 365 天，这在那个既没有望远镜，也没有计算机的年代是非常不容易的。

刻在泥板上的古巴比伦年鉴表

3 银河能用肉眼看见吗

古希腊的著名哲学家德谟克利特曾说过，穿越夜晚星空的隐约模糊的光带，是相互距离很近的星体聚在一起了。这是人类最早对银河系的描述，并且描述的结果与真实情况完全一致。

我们肉眼看见的所有恒星，以及许许多多因为太暗而肉眼无法看见的恒星，包括太阳和太阳系在内，都属于一个巨大的恒星系统，即银河系。“银河”一词来源于古希腊神话，意思为“乳之路”。在神话故事中，宙斯让自己的私生子赫拉克勒斯去偷喝正在睡熟的女神赫拉的奶水，结果惊醒了女神赫拉，奶水洒在地上，形成了“银河”。

德谟克利特

4 谁最早准确地描述月相

公元前 350 年，古希腊哲学家亚里士多德准确地描述月球的各个位相是由于太阳照射月球的角度变化而造成的，就好像站在地球上不同位置观察一个物体的投影。在月食期间，他仔细观测月球在地球上的投影，并从所获得的月球影子推测出地球是球形体。

在亚里士多德之前，古希腊哲学家德谟克利特曾经提出过地球是球形的。德谟克利特认为“世界上最完美的几何体是球形，因为地球是完美的，所以地球就应该是球形的”。由此可见，德谟克利特认为地球是球形的结论属于主观的猜想，而亚里士多德则是根据科学测量后得出的结论，尽管他们的结论相同，但他们的世界观是不同的。

亚里士多德

5 谁最早提出太阳中心说

在公元前 270 年，尽管当时许多人都认为地球是静止的，但古希腊天文学家阿利斯塔克用数学理论精密地计算出了太阳的半径为地球的 7 倍（实际上是 109 倍）、太阳到地球的距离是月亮到地球的距离的 19 倍（实际上是 395 倍）。他还提出宇宙中最大的物体是太阳，而不是地球，推测出太阳是相对静止的，而地球和其他星体则以太阳为中心做圆周运动，地球不仅每年绕太阳公转一周，而且又每天自转一周，这就是古代最早的朴素日心说思想。

在那个时代，他的学说遭到了质疑，包括亚里士多德和其他天文学家们都排斥他的有关理论。但他的学说却开创了人类用科学的方法研究天体之间距离和日月大小的历史。

阿利斯塔克

6 人类最早观察哈雷彗星是在什么时候

人类最早观测哈雷彗星究竟是在什么时候，直到现在仍有争议，但在公元前 240 年哈雷彗星回归时，人类观测哈雷彗星的活动是有据可查的。

在公元前 240 年，当哈雷彗星回归并飞跃地球附近时，中国古代的占星者们开展了为期 16 天的哈雷彗星观测，并用文字记载描述了哈雷彗星的特征。

哈雷彗星

知识点

从发现“沙罗周期”到测量预测星象

公元前612年，古巴比伦的天文学家根据他们的观测记录，成功地预测了月食，并且发现了每18年11天8小时重复一次的变化规律，后来天文学家称这种现象为“沙罗周期”。在一个“沙罗周期”结束后，地球、太阳和月球的相对位置就会回归到原先位置，因而前一周期内的日食和月食又会重新陆续出现。在每个“沙罗周期”里，共有43次日食和28次月食。

一次月食的变化过程

公元前600年，中国古代的天文学家们绘制出一张含有1460颗天体的星图。公元117年，张衡发明了一个被称为“浑天仪”的巨大装置来演示星象。其实，古代人使用浑天仪观测星象，很大程度上是用来预测凶吉。

浑天仪模型

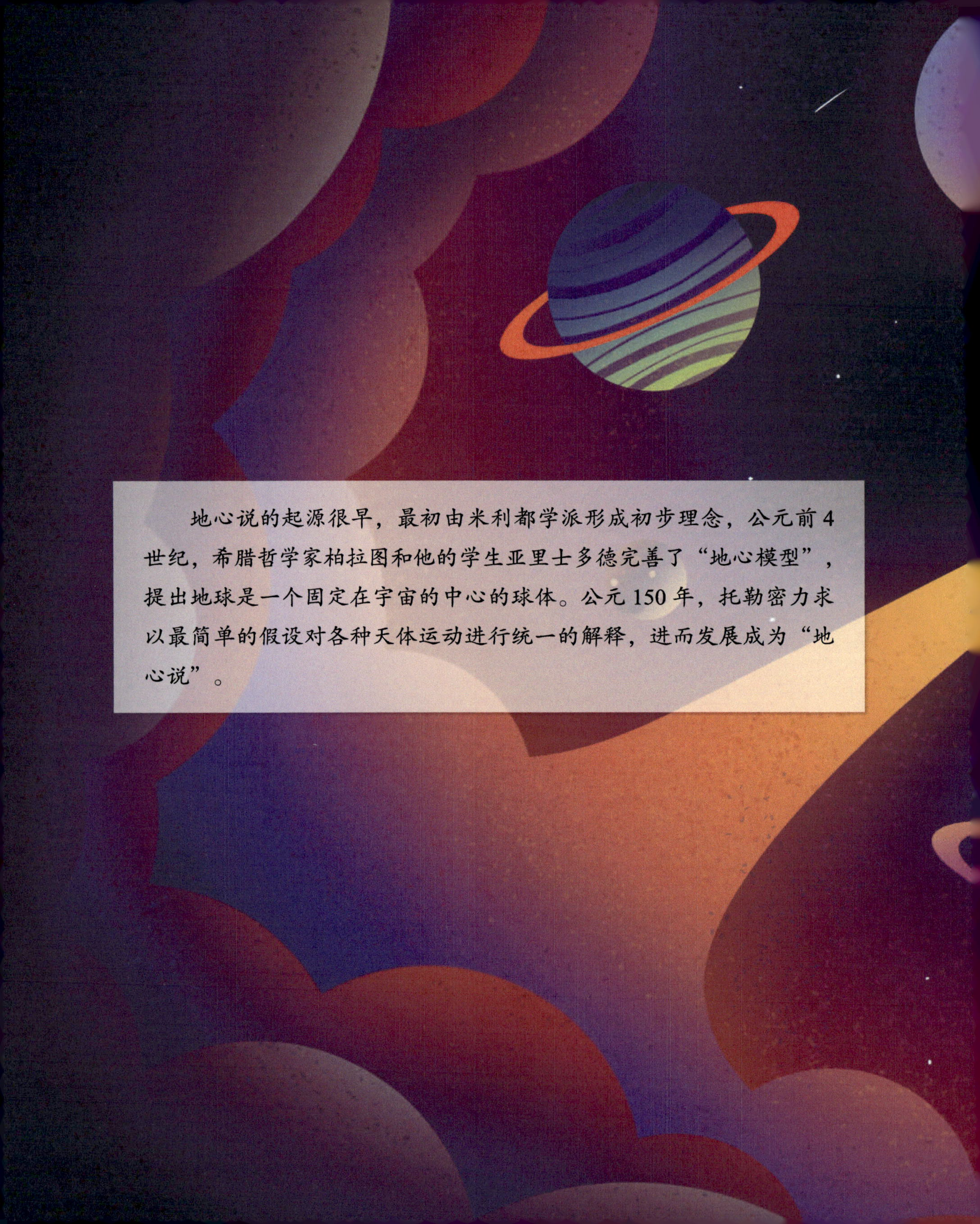

地心说的起源很早，最初由米利都学派形成初步理念，公元前 4 世纪，希腊哲学家柏拉图和他的学生亚里士多德完善了“地心模型”，提出地球是一个固定在宇宙的中心的球体。公元 150 年，托勒密力求以最简单的假设对各种天体运动进行统一的解释，进而发展成为“地心说”。

七

地心说诞生

1 谁最早测量出地球周长

古希腊天文学家、数学家和地理学家埃拉托色尼，被公认是有文字记载以来世界上最早测量出地球周长的人。公元前 240 年，他通过测量两个不同地理位置之间的不同的正午时分的太阳高线，应用三角学理论，首次精确地计算出了地球的周长。当然这种计算是假设太阳位于足够远的一点，并且还假设太阳照射到地球的光线是平行光。他当时计算出的地球周长是 40 000 千米，比后来人们测量出的地球真实周长仅仅少了约 75 千米。

埃拉托色尼

2 谁最早测算出地月距离

古希腊的天文学家希帕恰斯，也被称为“方位天文学之父”。在公元前 150 年，他通过反复观测的手段，计算出了从地球到月球之间的距离约为 380 000 千米，与真实距离只差约 4400 千米。10 年之后，他又通过比较恒星位置与早期记载数据，发现地球自转轴因为晃动而引起“岁差”。

此外，他还创建恒星目录。在此基础上，为确定其他天体在天空中的位置，他还给每颗恒星分配了一个坐标，并定义了“星等”概念，并且规定最亮的恒星为第一量级，第二亮的恒星为第二量级，以此类推直到第六量级，也就是人们肉眼所能看到的最暗的恒星。

希帕恰斯在测量地球到月球的距离

3 什么是儒略历年

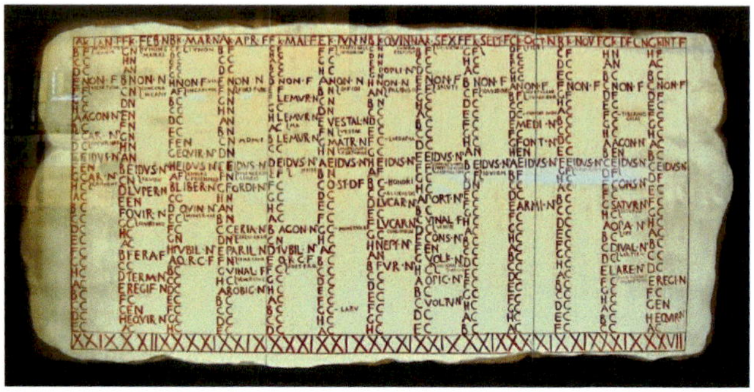

一团糟的罗马历

公元前 45 年，罗马共和国独裁者尤里乌斯 · 恺撒首次颁布儒略历。这是史上第一部严格的按照地球的公转和自转规律而创造的历法，它纠正了早期历法中所累积的 80 天的误差。同时，为了正确地推广新历法，恺撒颁布法令：公元前 46 年有 445 天。因而历史上又把公元前 46 年赋予“混乱之年”的称号。

尤里乌斯 • 恺撒（穿红衣者）

4 中国人是怎样解释太阳黑子的

公元前 28 年，中国古代官方开始系统地记录太阳黑子的活动情况。在中国古代传说中，人们认为太阳神就是那只出现在太阳圆盘上的黑鸟，其实这也就是中国古人对太阳黑子的解释。当时，中国古人利用大自然的风尘，或者大气层的薄雾来减小太阳光线的辐射强度，进而用肉眼观察太阳黑子的活动。

今天我们知道，太阳黑子是在太阳的光球层上发生的一种太阳活动，也是太阳活动中最基本、最明显的活动现象。太阳黑子实际上是太阳表面一种炽热气体的巨大旋涡，温度大约为 4500℃。因为比太阳的光球层表面温度要低，所以看上去像一些深暗色的斑点。太阳黑子一般是成群活动的。

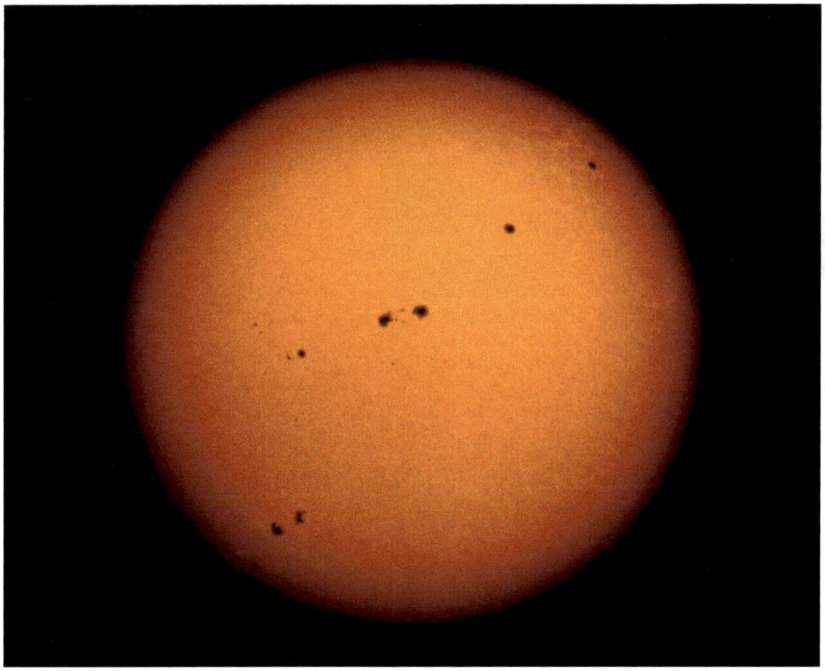

太阳黑子

5 托勒密和《天文学大成》

公元 140 年前后，生活在埃及亚历山大的希腊天文学家克罗狄斯 · 托勒密，发表了一部重要专著《天文学大成》，在当时被尊为天文学的权威著作，面世后成为当时的天文学百科全书，其中的理论影响了天文界长达 13 个世纪。《天文学大成》论述了宇宙的中心是地球，日、月、行星和恒星都围绕着地球旋转，它也就是著名的“地心说”。

带有黄道十二宫图案的托勒密圆行星图

6 神奇的数字“0”

在人们头脑意识中，0 与 1、2、3、4、5、6、7、8、9 的地位相同。但“0”的出现却比其他数字要晚 1000 多年。早期的位值计数法中，0 是没有符号的。例如，中国春秋战国时期，古人曾用空位来表示“0”。

“0”的出现是人类文明史上的一项伟大发明，如果没有“0”，目前人类各种科研成果也将无从取得成功。比如在航天飞机发射过程中，“0”代表“点火”或“发射”。如果没有“0”，航天工程师就无法完成卫星和地面测控系统的时间统一工作。

现在各国发射火箭时，几乎无一例外地都是从 10 开始倒数，科学家们认为这种倒数计时发射程序是十分科学的。它简单明了，清楚准确，使人们思想集中，产生准备时间即将完毕，发射就要开始的紧迫感。

虽然倒计时是国际通用做法，但中国发射口令略有不同，国外的倒计时口令是“10……3、2、1，发射”，而中国的发射倒计时口令是“10……3、2、1，点火，起飞”。

这个小小的区别是由于发射机制不同，中国的火箭发射倒计时是点火倒计时，点火后，会有短暂几秒的一个间隙，尤其是新一代运载火箭，这个间隙时间会更长。而国外的火箭发射倒计时是起飞倒计时，火箭可能在倒计时数到 3 时，就已经点火了，所以一般倒计时的最后一个数话音刚落，火箭就已经飞出去了。

中国长征系列火箭倒计时后起飞

知识点

历史上最著名的8次日全食

自古以来，中国人普遍认为日全食是不祥之兆。同样，在国外也普遍认为日全食预示着即将发生“奇迹”，如上帝的愤怒，或统治王朝的灭亡等。

1．美国大日全食

2017年8月21日发生了一次日全食，这是自1776年以来首次日全食路径完全停留在美国境内的日全食，它也是美国近40年来的首次出现的日全食，历史学家认为这次日全食将载入史册。

2017年发生在美国的日全食

2. 乌加里特的日全食

公元前 1375 年 5 月 3 日出现在叙利亚乌加里特的日全食，是人类最早有记载的日全食之一，当时天空变暗了 2 分 7 秒。历史学家将这次日全食称为太阳“蒙羞”。

乌加里特位于今叙利亚北部

3. 骚乱的日全食

据史料记载，在公元前 763 年，当太阳被月球完全遮住的 5 分钟期间，在当时亚述帝国的阿舒尔市（位于今伊拉克北部）发生了叛乱，这个记载表明古代人们在思想上把两者联系在一起了。

阿舒尔市位于今伊拉克北部

4. 中国古代的日全食

公元前 1302 年，在中国发生了一次持续时间达 6 分 25 秒的日全食。当时太阳被认为是统治者的象征，日全食被视为上天对统治者的警告。所以日全食之后，统治者

发生在中国的日全食（拍摄于 2008 年 8 月 1 日）

不仅要吃素食，而且还要举行仪式来拯救太阳。

5. 耶稣受难日的日全食

基督教福音书中说，耶稣被钉在十字架上几个小时后，天空就暗了下来。后来历史学家把耶稣受难与公元 29 年的日全食联系在一起。

6. 穆罕默德诞生的日全食

《古兰经》中叙述了在穆罕默德出生之前发生了日全食，天文学家认为这是指公元 569 年持续 3 分 17 秒的日全食。

7. 亨利国王的日全食

英格兰国王亨利一世死于公元 1135 年，有资料显示，他死的时候也出现了日全食。在他死后，争夺王位的斗争使英格兰陷入混乱和内战。

英格兰国王亨利一世

8. 爱因斯坦的日全食

在 1919 年的日全食中，太阳消失了 6 分 51 秒，科学家测量了恒星经过太阳附近时光线的弯曲程度，这些发现证实了爱因斯坦的广义相对论，爱因斯坦的理论将引力描述为时空的扭曲。

科学家通过 1919 年的日全食求证爱因斯坦的相对论

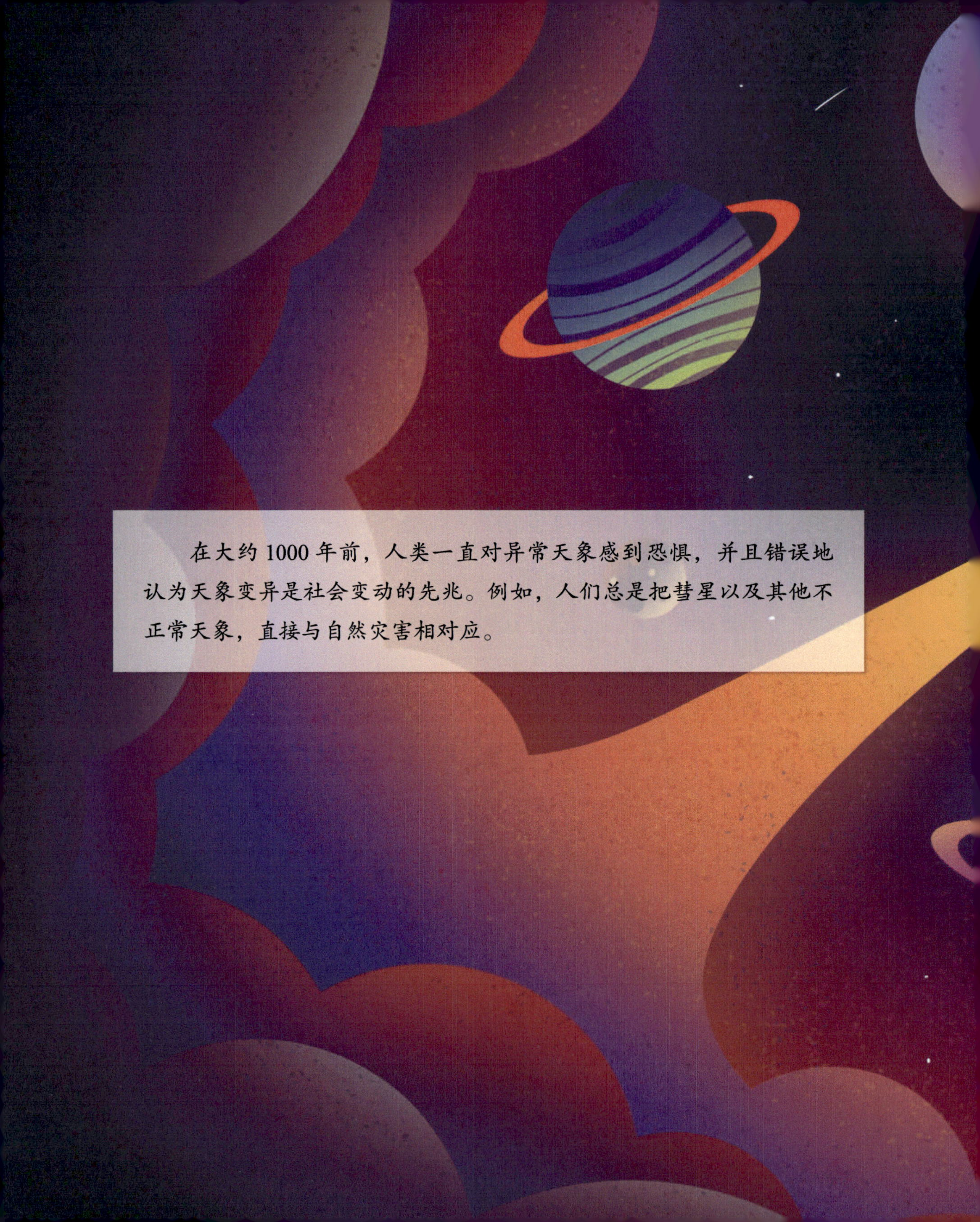

在大约 1000 年前，人类一直对异常天象感到恐惧，并且错误地认为天象变异是社会变动的先兆。例如，人们总是把彗星以及其他不正常天象，直接与自然灾害相对应。

八

遭遇异常天象

1 彗星的出现预示死亡吗

在古时候，人们观察自然气候和天体运行的规律，当出现反常现象时，由于认知的局限，古人无法用科学的方法进行解释，例如大部分彗星的出现都是没有规律的，这时候就往往会将其与社会或政治现象联系在一起。

在世界部分地区，人们认为彗星的出现预示着当时重要人物的死亡。公元 814 年，当查理曼帝国查理大帝死亡时并无彗星出现。为了自圆其说，人们只好虚构一颗彗星的出现，插入到记载历史的资料中。

查理大帝

2 日全食让人恐慌

在古代，由于人类认知能力的局限性，当时人们的生活高度依赖于“天体的根本韵律”，如日出、日落和月球运转周期，以及地球绕倾斜轴自转所带来的季节变化。因此，当突然出现一次异常天文现象时，就会引起人们恐慌。

据《尚书》记载，在当时中国的夏朝，有一位宫廷占星官，在日全食开始前喝得酩酊大醉，全然不知日全食的发生。结果，夏朝的国君下令砍了此人的头。这次日全食发生在公元前 2134 年的 10 月 22 日。

一次日全食甚至阻止了一场战争。根据历史学家希罗多德的记载，吕底亚人和米底亚人之间爆发了一场为期五年的战争。当战争进入第六个年头时，也就是在公元前 603 年 5 月 17 日那天，太阳消失了，双方军队认为这是上天的信号，便就此休战。

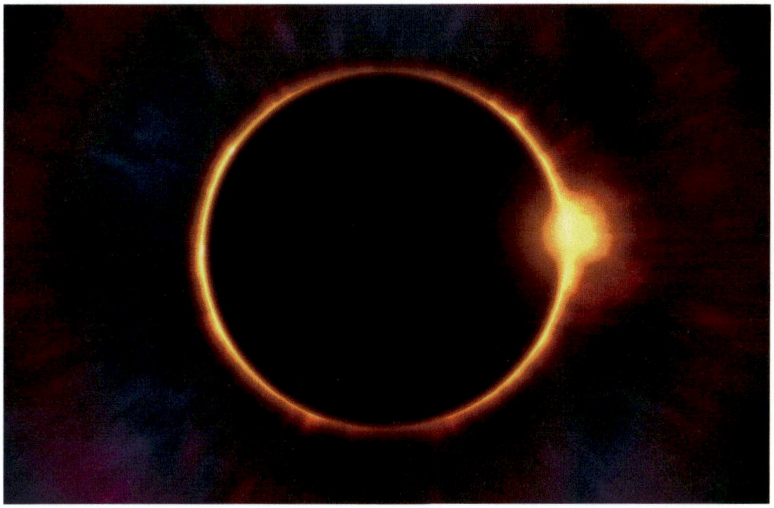

日全食

3 首次利用日全食观测日冕

公元 968 年，拜占庭历史学家里奥 · 蒂阿柯诺斯首次提出在日全食中可以用裸眼观察太阳日冕。他将太阳日冕描述为散发着昏暗又薄弱的光，就像一圈窄带在圆盘边缘闪烁。

日冕是太阳极热极薄的外大气层，它的大小和形状受太阳的磁场影响，进而导致它的外表会在一次日食中变化。

在日全食情况下观测日冕

4 哈雷彗星带来的胜利

公元 1066 年，黑斯廷斯战役前夕，人们怀着复杂的心情，注视着夜空中一颗拖着长尾巴的古怪天体，认为这是上帝给予的一种战争警告和预示。就在当年 10 月的这场战役中英军溃散，英格兰国王哈罗德中箭身亡，诺曼底公爵威廉一世取得了战役的胜利。战后，哈雷彗星的出现被解读为征服者威廉的胜利和英格兰哈罗德的厄运，威廉的妻子甚至把当时哈雷彗星回归的景象绣在一块贝叶挂毯上以示纪念。

记录有彗星回归的贝叶挂毯

5 哈雷彗星出现在诗篇中

在 1145 年 4 月，也就是哈雷彗星回归地球期间，有一位英格兰僧侣在《埃德温诗篇》中用独特的风格将哈雷彗星描述成“太空来访物”。

《埃德温诗篇》被认为是 12 世纪的杰作，由 10 多位当时的知名学者共同撰写在牛皮纸上。它有 5 种不同语言的版本，分别是 3 种拉丁文、古英语和盎格鲁 - 诺曼语，并且每一首诗篇都有序言、评论和结束祷告，其中有两篇涉及了哈雷彗星。

在写作的僧侣

6 教堂敲钟和彗星有关吗

加里斯都三世是第一位西班牙籍教皇，于 1455 年至 1458 年在位，他是意大利文艺复兴时期著名的博尔吉亚家族的开创者。当 1456 年天空中出现了一个拖着长尾巴的哈雷彗星时，加里斯都三世感到十分恐惧，以为哈雷彗星是恶魔的化身。为了驱除哈雷彗星，他下令教会由每天两次祈祷增加到三次，同时还要求所有教堂每天要增加敲钟一次，即每天敲钟三次，这个习惯一直沿续至今。

哈雷彗星

很久以前，世界大部分地区都把日食、月相和彗星等现象视为神灵所为，有时甚至还视为“地球末日”的预兆。从人类对宇宙认知的发展进程看，神学家、哲学家、科学家的学说只是“相对真理”，在探索宇宙的过程中不断被否定和肯定。

九

日心说诞生的前夜

1 罗杰 · 培根的神奇草图

1267 年，英国科学家罗杰 · 培根通过对光和虹的研究，绘制出了透镜的反射、折射和球面光差的草图，并描述了如何将透镜进行排列和放置，来改变太阳、月球和其他恒星所呈现的位置。

另外，许多资料显示，眼镜的发明和罗杰 · 培根有很大关系，他在 1267 年出版的《大著作》的第 5 部分，就探讨了眼镜及相关光学原理。

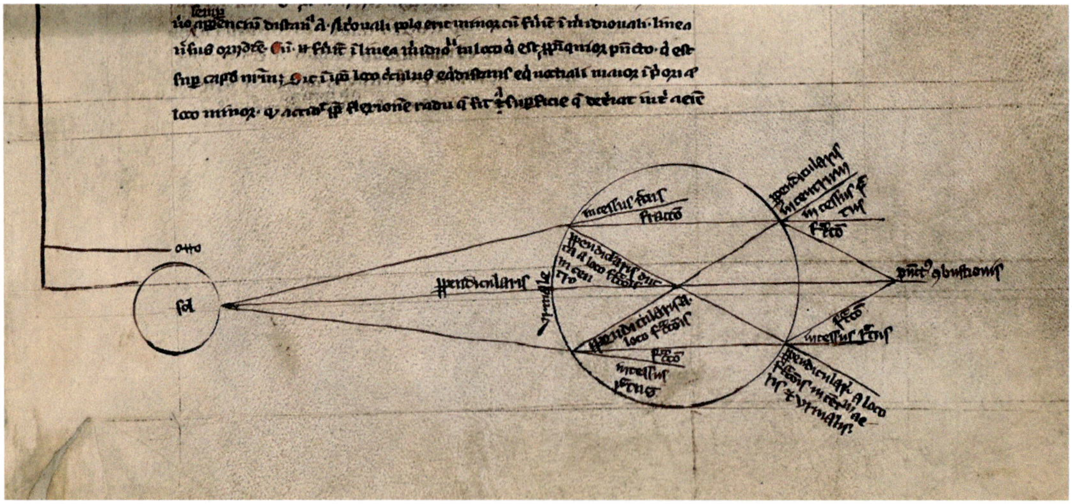

培根绘制的透镜折射传播和反射光线传播的草图

2 月亮盈亏会影响人的情绪吗

1270 年，意大利的哲学家和神学家托马斯·阿奎那认为，人们的疯狂情绪是受到了月亮盈亏的影响。很多人至今仍相信这种观点，他们认为如果是满月，人们会心情好，所以做事情成功率高。而如果夜晚月光暗淡，会导致人们心情不好，那么做事情成功率就低。

托马斯·阿奎那

3 中亚最大的天文台在哪里

位于亚洲的帖木儿帝国撒马尔罕的统治者兀鲁伯，也是位哲学家和天文学家。在1428 年至 1429 年期间，他在今天乌兹别克斯坦的撒马尔罕建立了一座巨大的天文台。1449 年，兀鲁伯去世后，天文台被破坏，其珍贵测量仪器丧失殆尽。

今天，兀鲁伯天文台还留下一台由大理石制成的六分仪。六分仪安装在距离地面 11 米深的地坑里，地坑连接着大约 2 米宽的倾斜坑道，倾斜坑道一直伸出到地面上的兀鲁伯天文台博物馆。

兀鲁伯天文台的地下部分

4 美洲的天文校准遗址

我们知道美洲有三大文明，分别是印加文明、玛雅文明和阿兹特克文明。其中，印加文明是最成熟的，秘鲁的马丘比丘也被称为印加帝国的“失落之城”，曾经是印加文明的中心，那里的花岗岩建筑独具特色，令人惊奇，特别是岩石与岩石之间的完美结合，让人怀疑外星人曾经光临过。

大约在公元 1450 年，印加人在这个地方建造了一座用于天文校准的建筑。在这里，他们利用天文观测的结果，来确定什么时候种植农作物。当时，他们规定每年昴宿星团首次出现的黎明时分，就是一年的开始。

位于秘鲁的天文校准建筑遗址

5 神奇的陨石事件

1492 年 11 月 7 日，在今天法国的阿尔萨斯上空突然发生爆炸，同时人们看到一块巨大的石头掉进了昂西塞姆小镇的麦田里。随后，村民们把这块巨大的石头拖到了巴黎的教堂，为了避免巨石再次“飞走”，他们用一条大铁链子把它锁在教堂的石柱子上。

这块巨石是一块重达 127 千克的陨石，是目前世界各地博物馆收藏的陨石碎片中最大的一块。对于这次天上掉石头的事件，当时的罗马皇帝马克西米利安一世还宣布这是军事行动取得胜利的预兆。

昂西塞姆陨石事件

6 哥伦布用月食“骗”取食物

1504 年 1 月，哥伦布在探险途中被困在牙买加，当地土著拒绝向受困的探险队提供物资。但幸运的是哥伦布身边有一些天文图表，可以预测 1504 年 2 月 29 日晚的月全食发生时间。于是，哥伦布利用自己的知识，警告当地土著，除非他们立即提供食物，否则愤怒的上帝将把月亮染成红色。果然，那天晚上发生月食了，当地土著人对此非常恐慌，请求哥伦布向上帝求情，哥伦布说只要向探险队提供物资就同意在上帝面前为他们“祈祷”。惊慌失措的当地土著人很快把丰富的食物提供给探险队，直到探险队离开牙买加。

展现哥伦布探险队和美洲土著遭遇月食的画作

7 达 · 芬奇与地球反照

1510 年，意大利艺术家和科学家莱昂纳多 · 达 · 芬奇提出一个理论，当月亮走出“新月”，进入“蛾眉月”阶段时，太阳光线的一部分直接照射到月亮上，与此同时，地球作为太阳光线的反射体，也会将太阳光的另一部分反射到月亮上，从而产生出了一种明亮月牙伴随“暗淡”阴影的现象，这种现象被称为“地球反照”。

在这之前，人类很早就发现了这一现象，但一直不知道它产生的机理，直到达 · 芬奇给出了地球反照解释和创作的地球反照画作。

达 · 芬奇的其他一些实验研究成果也为后来的哥白尼、伽利略、开普勒、牛顿等人的科学研究提供了有力的支撑。达 · 芬奇早于哥白尼提出了“地球不是太阳系的中心，只是一颗绕太阳运转的行星”的观点。但他的这些著作和手稿都没有发表，直到他逝世多年后才被世人发现。

达 • 芬奇

知识点

发现透镜和日光属性

阿尔哈是中世纪阿拉伯的一位物理学家，他证明光是由太阳或其他发光体发射出来的，然后通过物体反射进入人眼而感知的结果。他正确地解释了透镜的原理，否定了当时更流行的理论，即光线是从眼睛发出的。公元 1021 年，他撰写出版了关于光、透镜和镜子性质的著作，他也被称为“现代光学之父”。

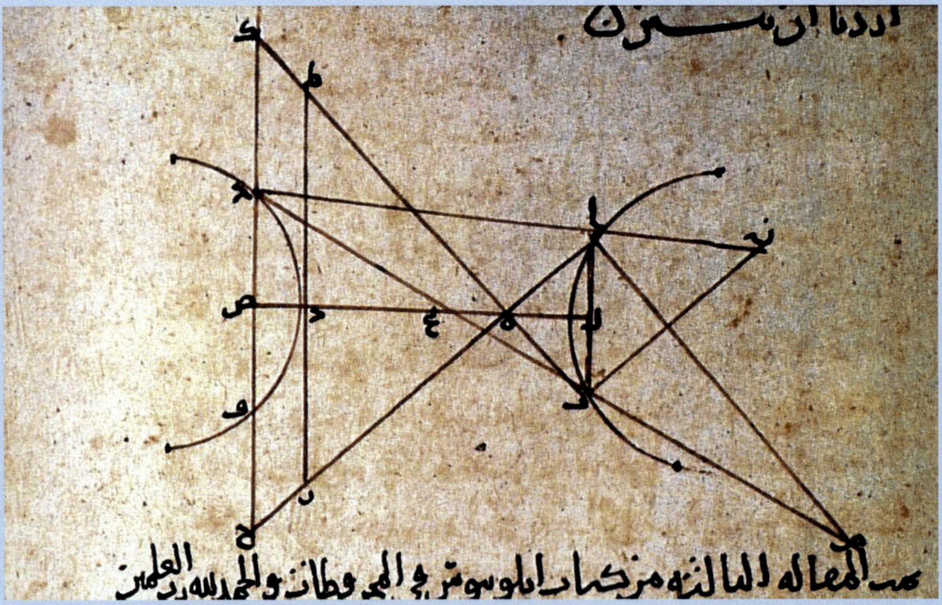

阿尔哈证明了光的性质

发现组合透镜的效应

1558 年，意大利哲学家、数学家波尔塔深入研究了光的热效应，并用几何学的观点解释了透镜的折射等光学现象，他提出：“通过将凹透镜和凸透镜组合在一起，你会看到远的和近的物体，它们会显得更大，而且非常不同。”他后来声称自己是望远镜的发明者，但没有得到学术界的认同。

波尔塔

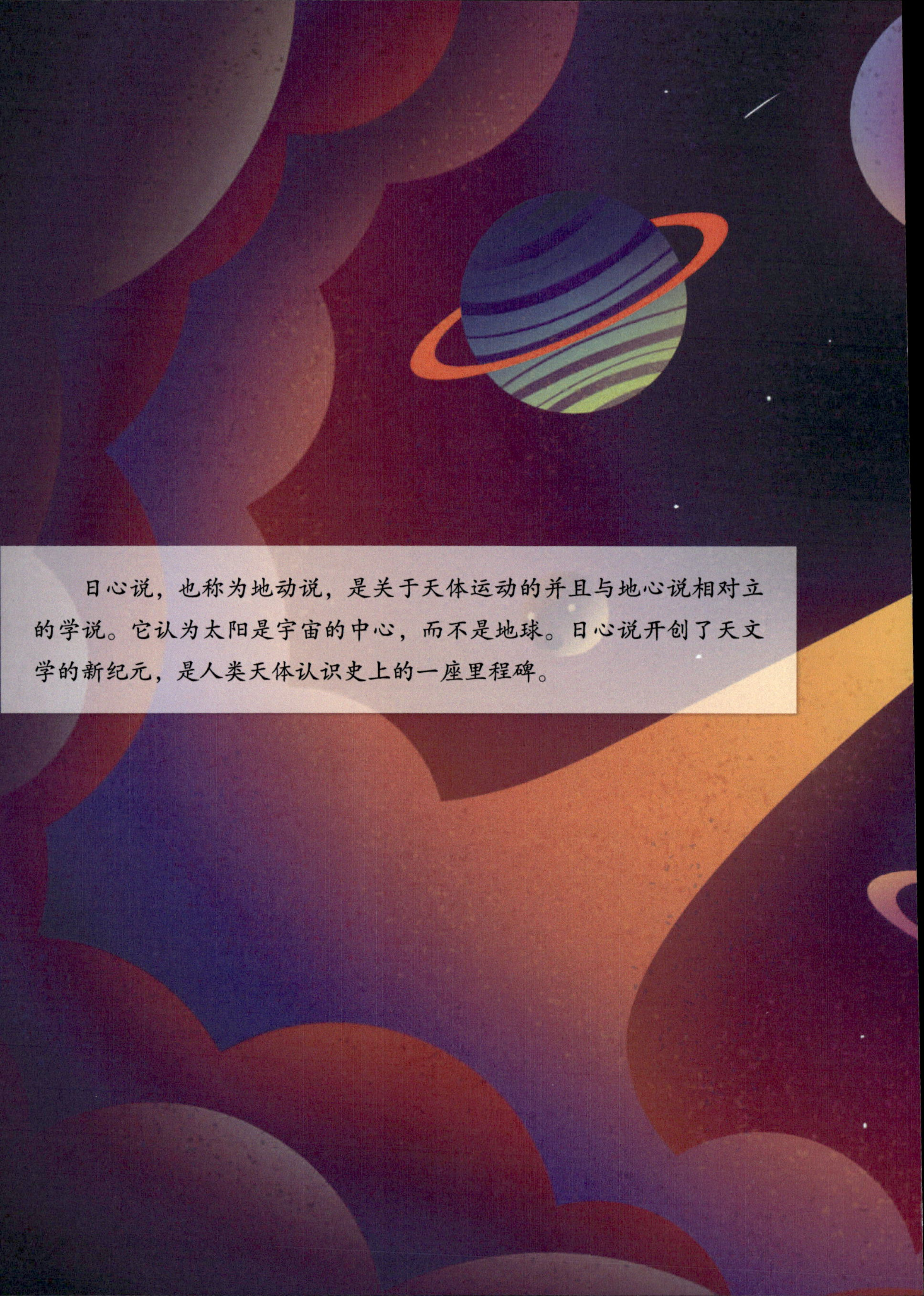

日心说，也称为地动说，是关于天体运动的并且与地心说相对立的学说。它认为太阳是宇宙的中心，而不是地球。日心说开创了天文学的新纪元，是人类天体认识史上的一座里程碑。

十

进入日心说时代

1 哥白尼创立日心说

1533 年，波兰天文学家尼古拉 · 哥白尼终于完成《天体运行论》。然而，由于宗教压力，他迟迟没有公开发表自己的研究成果。直到 1539 年，哥白尼在朋友们的劝说下才同意发表。1543 年 5 月 24 日，病危中的哥白尼在病榻上收到了出版商从纽伦堡寄来的《天体运行论》样书，但他不久就与世长辞了。

哥白尼去世之后的几十年虽然日心说并未广泛传播，但被一些科学家所研究。目前科学家们已经达成一个共识：伽利略所处时期是近代自然科学加速发展的一个阶段，而近代自然科学诞生的标志就是哥白尼发表《天体运行论》。

尼古拉 • 哥白尼

2 开始科学地看待彗星

1577 年一颗巨大彗星在空中出现，丹麦天文学家第谷 · 布拉赫对这颗彗星进行了仔细的观察，这是人类对彗星进行的第一次不带偏见的研究，也是第一次提出要研究彗星。第谷分析彗星外观的性质及它到地球的距离，并断定这颗彗星已穿过遥远的行星所环绕的太空，否定了当时科学家普遍认为它是地球大气层的一种现象的观点。

第谷 • 布拉赫

3 格里历让老百姓“少活 10 天”

如果告诉你，1582 年 10 月份“消失”了 10 天，你会相信吗？不信，你可以打开你的手机日历，翻到 1582 年的 10 月看看是否有 10 天“消失”了。“消失”的 10 天到底是自然选择，还是人为操纵？

原来，1582 年，罗马天主教教宗格里高里十三世，把“儒略历”1582 年 10 月 4 日的下一天规定为“格里历”的 1582 年 10 月 15 日，中间“消失”了 10 天，实现了从“儒略历”到“格里历”的更替。目的是为了消除掉积累的误差，达到了过 3300 年才能多出 1 天的精确度。但在当时却引起了广大民众的愤怒，他们抱怨说，这个历法让每个人都少活了 10 天！

罗马天主教教宗格里高里十三世

后来随着科技的日益发达，人们发现，格里历的准确性确实经得住时间的考验。于是在 1582 年之后的几百年里，陆续有许多国家都将旧历法更新为了格里历。

不过因为格里历的规定，“世纪年”必须是 400 的倍数才是闰年，而大多数国家的旧历法都是每 4 年一个闰年。所以在 1700、1800、1900 这三年里，旧历法中有 2 月 29 日，但格里历中只有 2 月 28 日。因此只要在旧历法中多经历了一个世纪年的 2 月 29 日，在改为格里历时就要多删去一天，所以才导致了使用格里历的国家需要删去更多的天数。

另外，俄国在 1917 年 11 月 7 日爆发革命，却称为“十月革命”。这是因为 11 月 7 日是格里历所对应的日期，而俄国在 1918 年才改为格里历，所以 1917 年还在实行旧历法。而旧历法所对应的日期是 10 月 25 日，所以被称为“十月革命”。

中国也曾有“消失”的 10 天。中国的农历属于阴阳历，而非阴历，中国从中华人民共和国成立起就使用格里历即公历纪年法了。

知识点

关于陨石的有趣知识

陨石是非常稀有的外来太空资源，有着极其重要的科研、收藏和经济价值。陨石携带了大量的宇宙信息，是人类研究宇宙、太阳系及地球生命形成和演化的宝贵实物资料，也对人们研究地球外生命提供了难得的载体，被视为具有重要科学与文化价值的文物标本。陨石的种类很多，目前常见的有三种。

第一种是石质陨石，它们被归类为球粒陨石或无球粒陨石，这取决于它们是否在它们形成的小行星或彗星内经历了聚变和分化的过程。球粒陨石占坠落到地球的陨石的 85.7%，而无球粒陨石仅占 7.1%。

第二种是铁陨石，这类陨石主要由铁和镍组成，它们被认为是在大碰撞或爆炸后被摧毁的小行星核心的残骸。它们非常密集，比地球上的岩石重，所以虽然它们只占坠落到地球陨石总量的 5.7%，但它们的质量却占总质量的 89.3%。

第三种是混合陨石、铁粒陨石或石铁矿，这些是由金属和岩石材料形成，它们分为两种类型：帕拉石和中铁矿。它们可能是由小行星中金属核心和岩石岩浆混合而形成的。它们非常罕见，只占陨落陨石的 1.5%。

1. 世界最大和最重的霍巴陨石（1920 年）

1920 年，在非洲西北部纳米比亚的小城赫鲁特方丹的霍巴农场里，一名在田间耕作的农夫发现了一块大陨石。与其他陨石一样，也是以发现地命名，所以这块陨石就称为“霍巴陨石”。

霍巴陨石是一块铁陨石，其表面积超过 6.5 平方米，厚度在 0.75 米至 1.22 米之间，重约 66 吨，它是截止目前坠落到地面的最重陨石。因为它没有留下可见的陨石坑，所以科学家推测它可能首先坠落到大海里，这样就大大降低了它撞击到地球的速度。

来自太空的最大石头——霍巴陨石

2. 来自密集陨石区的甘塞多陨石（2016 年）

甘塞多陨石

甘塞多陨石仅在几年前，即 2016 年的 9 月 10 日被发现，在阿根廷西北部的坎波德尔谢洛地区被发现。在这块陨石被掘取的过程中，地下水使它处于严重的危险中，而附近的甘塞多镇上的人们因为陨石的挖掘而获取了很多工作机会，因此这块陨石就以甘塞多进行了命名。

它主要是金属成分，重量超过 30 吨。虽然比同样在该地区发现的艾尔·查科陨石要轻，但一经发现，它同样成为当时世界上最大最重的几块陨石之一。

3. 美国最大的陨石——威拉姆特陨石（1902）

1902 年，俄勒冈州一位名叫埃利斯·休斯的矿工不经意间发现了这块重达 15 吨的威拉姆特陨石，它是美国至今已发现的最大陨石，但撞击地面时形成的陨石坑早已消失得无影无踪。

美国土著印第安部落 Cacklama 将威拉姆特陨石称为 Tomanowos（来自天空的访客），并将它视为神物，对其保持着十足的敬畏。直到今天，印第安人仍主张，应将这块陨石归还他们。但由于各种原因印第安人始终未能收回，这块巨大的陨石一直在美国自然历史博物馆展出。

威拉姆特陨石

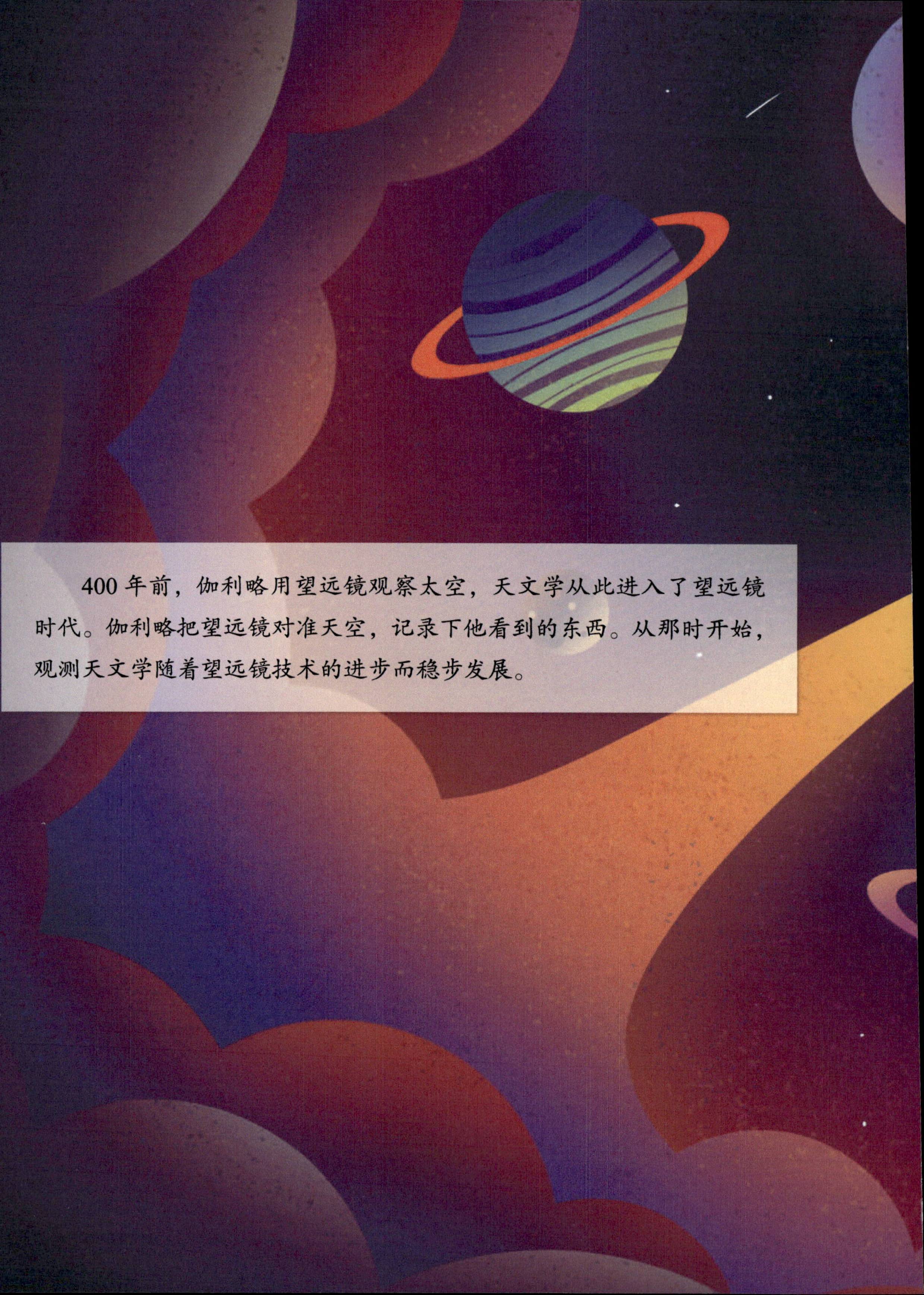

400 年前，伽利略用望远镜观察太空，天文学从此进入了望远镜时代。伽利略把望远镜对准天空，记录下他看到的东西。从那时开始，观测天文学随着望远镜技术的进步而稳步发展。

十一

望远镜让人类看得更远

1 谁发明了人类第一台望远镜

汉斯 · 李普希，是荷兰眼镜制造师与发明家，1608 年他因最早申请望远镜的专利被拒绝而闻名于世。望远镜是一种彻底改变天文学发展历程的仪器，但时至今日李普希是否是第一个制造望远镜的人仍然存疑。

望远镜还有另一个别名“looker（窥视者）”。据说，这是因为在李普希的眼镜店里，正在玩耍的孩子将两个镜片组合后举到眼睛前方，突然发现远处教堂的风向标似乎离他们更近，受此启发，李普希经过多次试验发明了望远镜。

眼镜店玩耍的孩子启发了望远镜的发明

2 谁是第一个用望远镜研究太空的人

1609 年，意大利天文学家伽利略对李普希的望远镜进行了改进，建造了一台观天望远镜，并用这台望远镜观测太空，成为世界第一个用望远镜研究太空的科学家。由于他对望远镜的改进和使用，推动了整个天文学发生了革命性的变化，同时也进一步证明了哥白尼当初把地球和行星放在绕太阳运转轨道上的观点是正确的。

伽利略

3 开普勒发现了天体运动规律

1601 年，第谷 · 布拉赫去世后，他的学生开普勒利用第谷的数据研究了火星运动，发现了火星运行轨道并非圆形，而是椭圆形。1609 年，他出版了《新天文学》，提出了行星运动的两大著名定律。

开普勒第一定律描述了每一个行星都沿各自的椭圆轨道环绕太阳，而太阳则处在椭圆的一个焦点中。第二定律描述了在相等时间内，太阳和运动着的行星的连线所扫过的面积都是相等的。当时开普勒是先发现了第二定律，然后才反演出了第一定律。

《新天文学》被认为是现代科学技术时代最重要的学术著作之一。在这之前，哥白尼于 1543 年出版的《天体运行论》提出了“日心说”模型，但哥白尼的“日心说”模型主要解释了行星运动问题，并非完整地提出行星运动的物理模型，而《新天文学》则完整地给出了行星运动的物理模式。

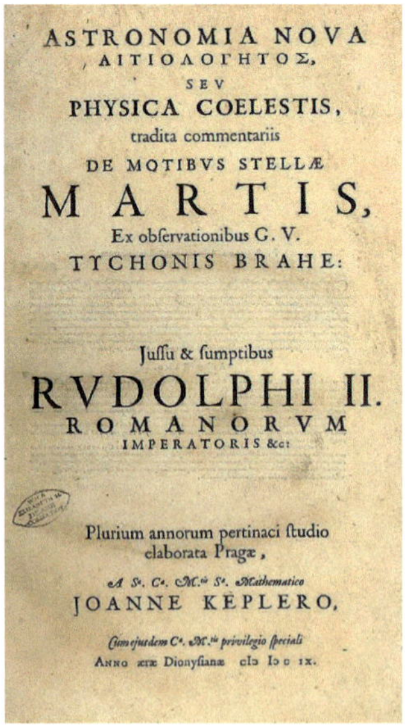

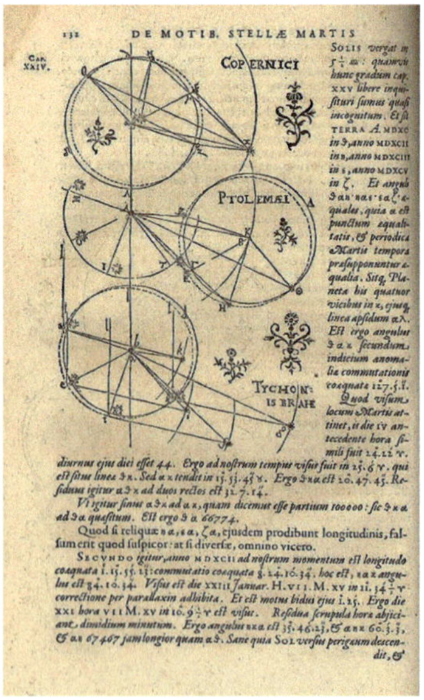

开普勒于 1609 年出版的《新天文学》

4 绘制月球地图的第一人

1610 年，英国天文学家和数学家托马斯·哈里奥特对太阳黑子进行了人类历史上首次有记录的望远镜观测。后来，伽利略和其他天文学家才开始观测太阳黑子。

另外，一直以来人们普遍认为伽利略绘制了第一张月球地图，但最近的研究表明，哈里奥特于 1609 年 7 月就通过望远镜观测月球，而且首次绘制了月球表面的地形图。

哈里奥特绘制的人类第一幅月球表面素描图，尽管只描绘了月面“危海”“静海”等极其有限的区域，但图左上角标出的日期 1609 年 7 月 26 日，告诉人们他比伽利略绘制的首张月面图还早 4 个月。有资料显示，我国第一个通过望远镜观测月球的人是明末著名科学家徐光启。

托马斯·哈里奥特

5 《星际信使》为什么成为禁书

1610 年，伽利略将自己的天文观测报告写成《星际信使》一书，描述了通过新发明的望远镜，看到夜空中的不同月相，这些发现为哥白尼的天体运动模型提供了强有力的证据。另外，这本书的出版还标志着观测天文学的诞生。但在 1616 年，罗马天主教会根据教皇保罗五世的命令将伽利略的《星际信使》一书列为禁书，也就是在《星际信使》遭禁的同一天，哥白尼于 1543 年发表的《天体运行论》一书也被列为禁书。

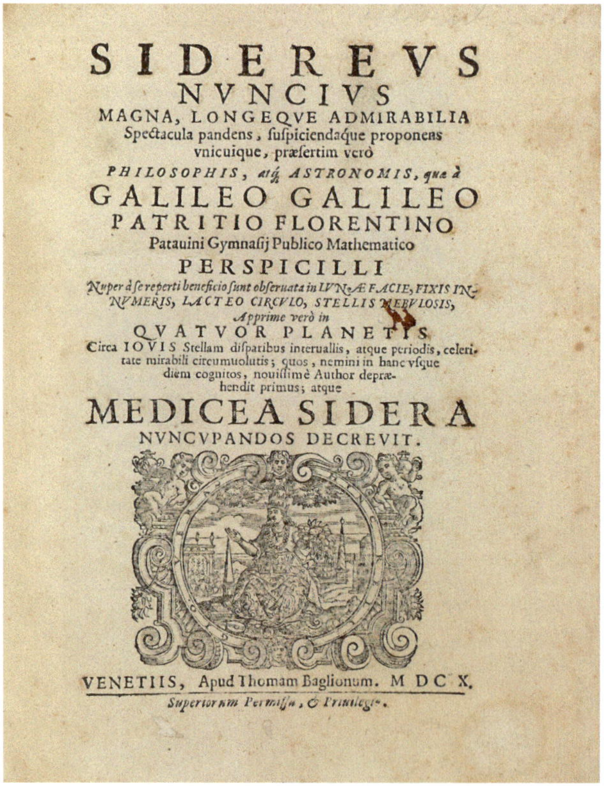
SIDEREVS
NVNCIVS
MAGNA, LONGEQVE ADMIRABILIA
Spectacula pandens, suspiciendaque proponens
vnicuique, præsertim verò
PHILOSOPHIS, atq; ASTRONOMIS, quæ à
GALILEO GALILEO
PATRITIO FLORENTINO
Patauini Gymnasij Publico Mathematico
PERSPICILLI
Nuper à se reperti beneficio sunt obseruata in LVNÆ FACIE, FIXIS INNVMERIS, LACTEO CIRCVLO, STELLIS NEBVLOSIS,
Apprime verò in
QVATVOR PLANETIS
Circa IOVIS Stellam disparibus interuallis, atque periodis, celeritate mirabili circumuolutis; quos, nemini in hanc vsque diem cognitos, nouissimè Author depræhendit primus; atque
MEDICEA SIDERA
NVNCVPANDOS DECREVIT.
VENETIIS, Apud Thomam Baglionum. M DC X.
Superiorum Permissu, & Priuilegio.

伽利略于 1610 年发表的《星际信使》

6 开普勒创立行星运动的第三定律

1619 年，开普勒在《宇宙和谐论》中提出了行星运动的第三定律，也就是开普勒第三定律。开普勒第三定律表述的是：环绕以太阳为焦点的椭圆轨道运行的所有行星，其各自椭圆轨道半长轴的立方与周期的平方之比是一个常量。

该定律把“行星到太阳的距离”与“行星运转周期”联系起来了。开普勒第三定律也称为“行星运动定律”。

Ioannis Keppleri

HARMONICES

MVNDI

LIBRI V. QVORVM

Primus GEOMETRICVS, De Figurarum Regularium, quæ Proportiones Harmonicas conſtituunt, ortu & demonſtrationibus.

Secundus ARCHITECTONICVS, ſeu ex GEOMETRIA FIGVRATA, De Figurarum Regularium Congruentia in plano vel ſolido:

Tertius propriè HARMONICVS, De Proportionum Harmonicarum ortu ex Figuris; deque Naturâ & Differentiis rerum ad cantum pertinentium, contra Veteres:

Quartus METAPHYSICVS, PSYCHOLOGICVS & ASTROLOGICVS, De Harmoniarum mentali Eſſentiâ earumque generibus in Mundo; præſertim de Harmonia radiorum, ex corporibus cœleſtibus in Terram deſcendentibus, eiuſque effectu in Natura ſeu Anima ſublunari & Humana:

Quintus ASTRONOMICVS & METAPHYSICVS, De Harmoniis abſolutiſſimis motuum cœleſtium, ortuque Eccentricitatum ex proportionibus Harmonicis.

Appendix habet comparationem huius Operis cum Harmonices Cl. Ptolemæi libro III. cumque Roberti de Fluctibus, dicti Flud. Medici Oxonienſis ſpeculationibus Harmonicis, operi de Macrocoſmo & Microcoſmo inſertis.

Cum S.C.Mtis. Priuilegio ad annos XV.

Lincii Auſtriæ,

Sumptibus GODOFREDI TAMPACHII Bibl. Francof.
Excudebat IOANNES PLANCVS.

ANNO M. DC. XIX.

开普勒的《宇宙和谐论》

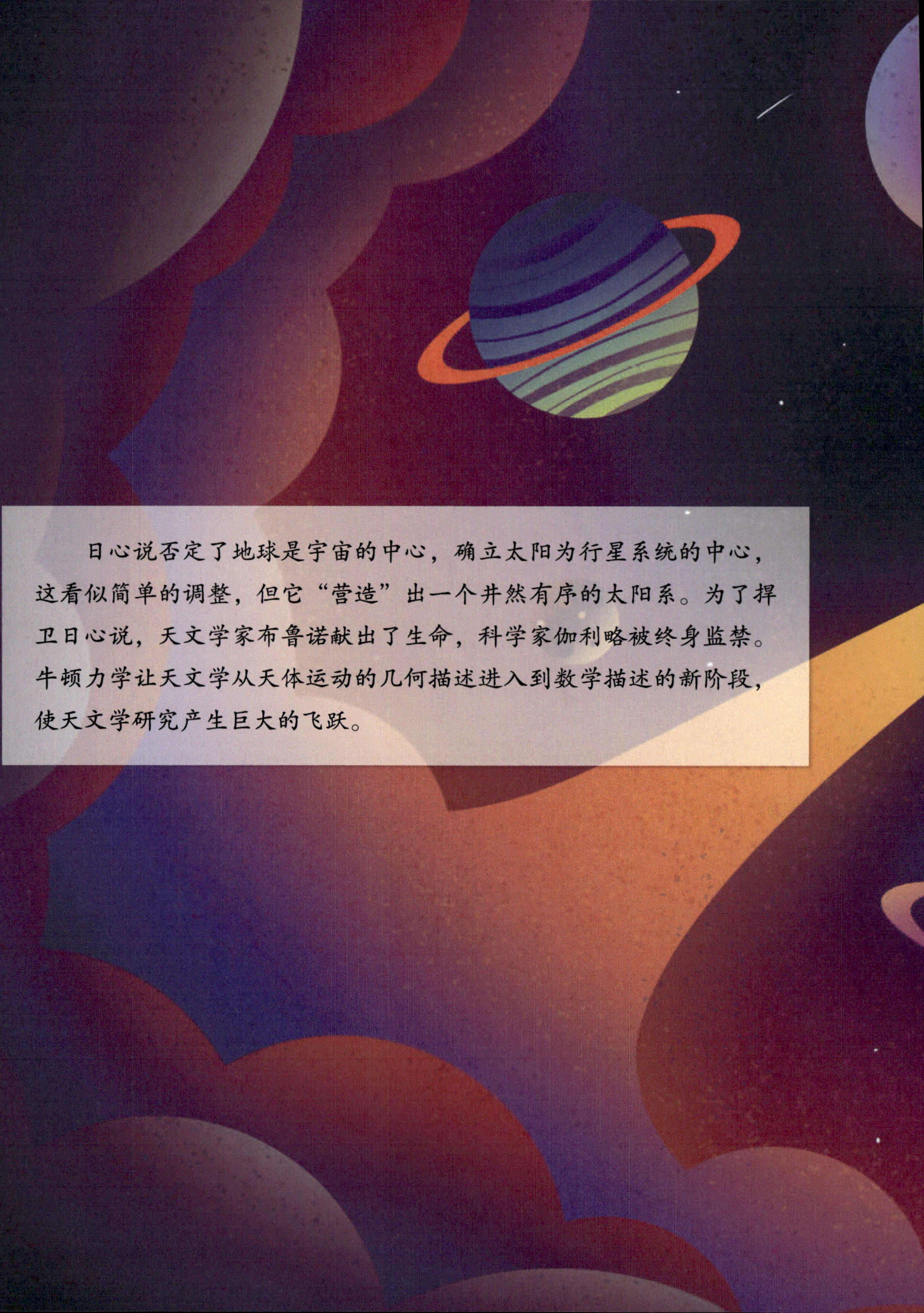

日心说否定了地球是宇宙的中心，确立太阳为行星系统的中心，这看似简单的调整，但它“营造”出一个井然有序的太阳系。为了捍卫日心说，天文学家布鲁诺献出了生命，科学家伽利略被终身监禁。牛顿力学让天文学从天体运动的几何描述进入到数学描述的新阶段，使天文学研究产生巨大的飞跃。

十二

天文学研究蓬勃发展

1 《两大世界体系的对话》为什么被禁

1632 年，伽利略的《两大世界体系的对话》一书出版，这本书采用对话的形式，讨论了哥白尼日心说和托勒密地心说的各种分歧，伽利略在书中用他的许多新发现和研究新成果论证了哥白尼体系的正确和托勒密体系的谬误。

这本书出版后，触怒了当时的天主教派。在出版后的第二年，面对宗教裁判所的审讯，伽利略被迫宣布放弃关于日心说的观点。他被软禁在自己房子里，并且他之前出版的所有书都被查封了。在该书出版 203 年后，也就是 1835 年，才解除了对该书的禁令。但直到 1992 年，教皇约翰 · 保罗二世才公开承认对伽利略案处理不当。

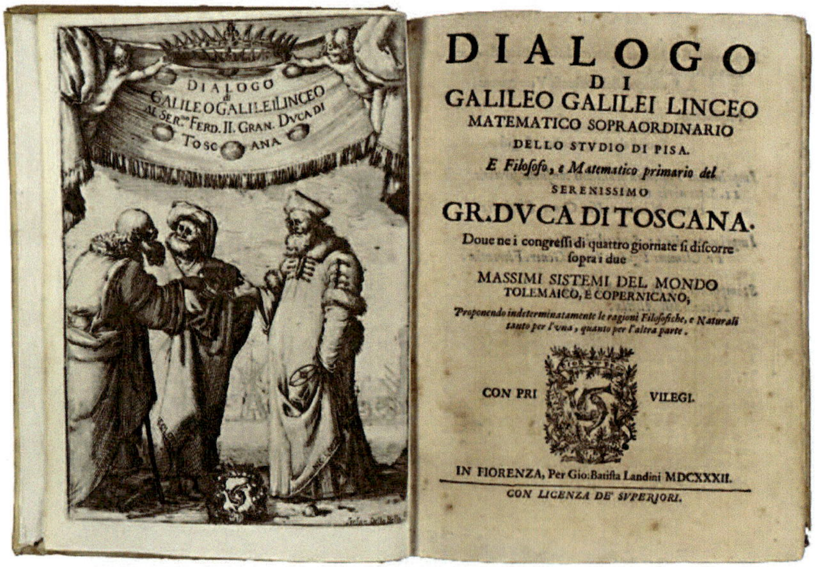

伽利略的《两大世界体系的对话》

2 第一个见证金星凌日的人

1639 年，英国的青年天文学爱好者杰雷米亚·霍罗克斯计算出了金星会在当年 12 月 4 日从太阳的前面经过，也就是金星凌日。一个月后，他和他的朋友威廉·克拉布特成为第一个见证这次金星凌日的人，这也是人类首次记录金星凌日事件。

杰雷米亚·霍罗克斯自制观测天体仪器

当时，开普勒也十分关注此事，但他计算金星不会凌日，只是从太阳边缘擦过。而霍罗克斯则修正了开普勒的计算结果，并计算出了金星凌日事件会在 12 月 4 日发生。为了安全地观测金星凌日，霍罗克斯使用一台简单的望远镜把太阳影像投射在纸上。

威廉·克拉布特观察和记录第一次金星凌日

3 寒冷的“蒙德极小期”

1645 年至 1715 年的 70 年间,被称为“蒙德极小期”，这一时期西欧和北美的天气异常寒冷，所以也被称为“小冰河期”。

爱德华・沃尔特・蒙德

1894 年，英国天文学家爱德华・沃尔特・蒙德在研究那段时期的资料时，发现从 1645 年到 1715 年的 70 年里，明显地缺少有关太阳黑子活动的报道，但是在 1645 年以前，以及在 1715 年以后，太阳黑子活动的报道却很丰富，他认为这并不是因为报道不完善，而是因为在此期间太阳黑子活动确实很少。因为他的报告标示出 1645 年至 1715 年间的特殊性，所以就把这个期间命名为“蒙德极小期”。

“蒙德极小期”的寒冷

4 月球地形研究的创始人

约翰·赫维留是波兰天文学家，他经过10年的月球观测以及记录月球的表面地形，发现了月球经度方向的天平动，并于1647年出版了关于这方面的研究著作。在这本著作中，他给出了一个非常精确的月球地形图，因此后来人们就称他为“月球地形研究的创始人”。此外，赫维留也是第一个计算月球山脉高度的人。

约翰·赫维留

约翰·赫维留的月球地形图

5 “开阳星”有卫士吗

1650 年，意大利天文学家乔万尼·巴蒂斯塔·里乔利首次用望远镜发现了位于北斗七星柄部的一颗双星系统，中国人称它为“开阳星”。“开阳星”是星座名，古代中国民间把大熊星座中的七颗亮星视为一个勺子，从勺柄数起第二颗称为开阳星。

开阳星星座

为什么称“开阳星”为双星系统呢？因为仔细观测会发现它旁边很近的地方还有一颗暗星，总在离开阳星很近的地方，就像是“开阳星”的卫士。

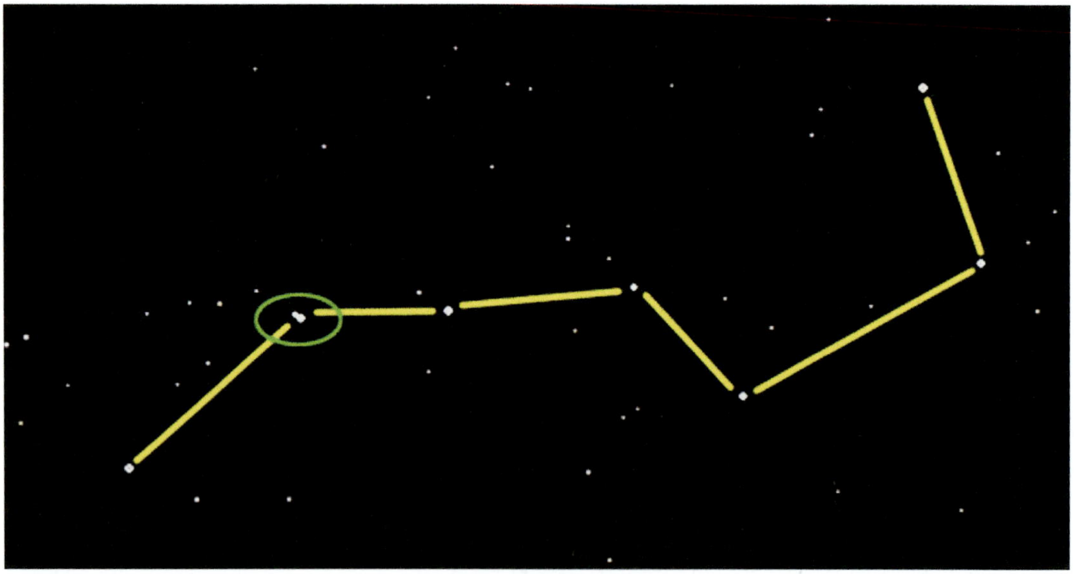

北斗七星柄部的“开阳星”

6 惠更斯的贡献

1655 年，荷兰天文学家和数学家克里斯蒂安·惠更斯使用他自己设计的望远镜发现了土星周围有一个薄而平的环系，但它没有与土星接触，同时还发现了“土卫六”。

惠更斯

从 1655 年开始，惠更斯使用望远镜观测火星，并于 1659 年 11 月，看到火星平面上有一个“V”字型的阴影区。隔了 3 天后，他发现这“V”字型区域的位置有移动现象，于是他推测火星的自转速度跟地球差不多，约 24 小时转一圈。现在人们知道火星表面“V”字型的黑色区域就是火星的“大瑟提斯高原”。

火星“大瑟提斯高原”（照片中心黑暗地貌）

7 谁发现了火星极地冰冠

1666 年，意大利天文学家和工程师乔瓦尼 · 卡西尼发现火星极地冰冠。今天我们知道火星的北极冰冠的大部分是水冰，还有一个季节性的干冰板，也就是固态的二氧化碳。每个冬天，冰盖会增加干冰的厚度。在夏天，干冰直接从固体转化成气体进入大气层，火星稀薄大气层的二氧化碳有三分之一是“冻结”在北半球和南半球冬季的冰冠上的。

乔瓦尼 • 卡西尼

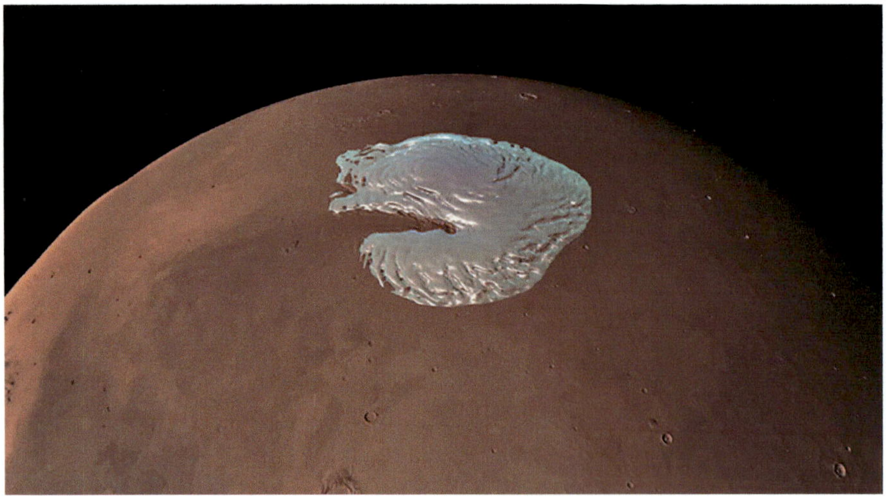

火星北极冰冠

8 否定光速的无限性

光速一直被认为是无限的，并且是瞬间到达的。早期的物理学家，如培根、开普勒和笛卡尔等，都认为光速是无限的。但伽利略却认为光速是有限的，1638 年他让两个人提着灯笼分别爬到相距约 1000 米的山上，让第一个人点亮灯笼，并开始计时；对面山上的另一个人看见亮光时也点亮自己的灯笼，然后直到第一个人看见对面的灯笼点亮后，停止计时。这就是历史上著名的测量光速的“掩灯方案”，但由于光速实在太快了，所以实验没有成功。

1676 年，丹麦天文学家奥勒·罗默利用木卫一的视运动，首次测量了光速，证明了光是以有限速度传播的。他当时测量的光速为 22.5 万千米 / 秒，而真实的光速为 29.9 万千米 / 秒。为什么他测量的光速会误差这么大呢？奥勒·罗默在求解光速时，利用了地球轨道半径，而当时人类只知道地球轨道半径的近似值，所以他计算出来的光速就与真实光速相差甚远。

奥勒·罗默

17 世纪至 18 世纪期间，在哈雷、牛顿和赫歇尔等一大批科学家的推动下，通过现代科学方法的广泛应用，改变了人们对宇宙的看法，推动了人们的思想解放，铺平了通向近代天文学的道路。19 世纪以后，随着科学技术的发展，科学家可以从坠落到地球的陨石上窥探太阳系的年龄，天文观测的水平有了大幅提高。

十三

天体不再神秘了

1 人类用望远镜发现的第一颗彗星

德国天文学家戈特弗里德 · 基尔希发现一颗耀眼的彗星，后来被命名为“C/1680 V1 彗星”，也称 1680 年大彗星，或称为 Kirch 彗星。1680 年大彗星的彗尾横跨半个天空，它是人类首次用望远镜发现的彗星。根据资料记载，这颗彗星也是 17 世纪最明亮的彗星之一，所以即使白天也可以观测到它的踪迹。除了它的亮度之外，还被牛顿用来测试和验证开普勒定律，所以人们也称这颗彗星为“牛顿彗星”。

戈特弗里德•基尔希

1680 年大彗星出现时的情景

2 发现恒星运动的第一人

提起埃德蒙·哈雷，人们自然会想到哈雷彗星。哈雷生于1656年，1676年毕业于牛津大学，后来放弃了获得学位的机会，跑到南半球建立了一座天文台，在那里制作了载有341颗恒星精确位置的南天星表，30岁时公布了世界上第一部载有海洋盛行风分布的气象图。37岁时发布了布雷斯劳城的人口死亡率表，首次探讨了死亡率和年龄的关系，为英国政府出售寿险确定合理的价格，开创了社会学统计工作的先河。45岁时根据航海罗盘记录，出版了大西洋和太平洋的地磁图。1702年，哈雷发表了第一幅大西洋磁偏角等值线图。1705年，出版了《彗星天文学论说》，并准确预言了哈雷彗星的回归。1718年，发表了恒星有空间运动的资料，首次提出恒星也是运动的。

埃德蒙·哈雷

3 发现“光行差”的第一人

英国天文学家詹姆斯 · 布拉德雷发现了“光行差”现象，并于 1728 年宣布了这一发现。“光行差”是指运动的观测者观察到光的方向，与同一时间同一地点静止的观测者观察到的方向有偏差的现象，这种错觉类似于从一辆行驶的汽车上看垂直落下的雨水似乎以一个角度落下。

在天文观测中，“光行差”现象尤为常见，这是因为地球运动的原因，所以在地球上观察天体的位置时，总是存在“光行差”，其大小与观测者的速度和天体方向与观测者运动方向之间的夹角有关，并且是不断变化的。

詹姆斯 • 布拉德雷

4 首次发现的多尾彗星

1744 年，天文学家观测到一颗非常壮观的大彗星，这颗大彗星非常明亮，即使白天也能看见，所以当时很多人看到了这颗大彗星。

这颗大彗星被命名为歇索彗星，官方名称是 C/1743 X1，这颗大彗星在到达近日点后形成了一个由六条尾巴组成的“风扇”，这一点尤其引人注目。这六条尾巴从东方的地平线底下升向天穹，但这颗大彗星的头部始终没有露出地平线。

1744 年出现的歇索彗星

5 发现金星大气层的第一人

1761 年，金星凌日期间，俄国天文学家米哈伊尔 · 瓦西里耶维奇 · 罗蒙诺索夫将望远镜对准太阳，仔细观测了金星在日面的现象，发现金星在进入和离开日面的时候，日面圆边都会抖动一下，由此他意识到这是金星存在大气的表现，并推断金星拥有大气层。他因而成为第一个发现金星有大气的人，这也是人类首次知道其他行星也有大气。

米哈伊尔 • 瓦西里耶维奇 • 罗蒙诺索夫

6 用望远镜发现的第一颗行星

威廉·赫歇尔

本来人的肉眼就可以看见天王星，但由于它的亮度比较暗淡加上其缓慢的轨迹，因此它从未被古代观察者认作为行星。1781 年 3 月 13 日，英国天文学家威廉·赫歇尔在观察双子座中的恒星时，发现了一个奇怪的绿色光点，后来观察证明他发现了一颗新行星，并被命名为天王星，这也是人类有史以来第一颗使用望远镜发现的行星。

天王星在被发现为行星之前，曾多次被观测到，已知最早的观测可能要追溯到公元前 128 年，是由古希腊天文学家希帕恰斯观测到的，他把它作为一颗恒星，而记录到了他的星表上。

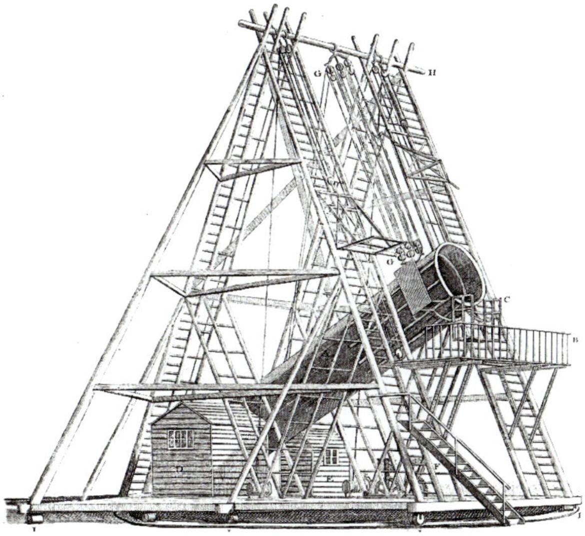

威廉·赫歇尔制造的望远镜

7 谁最早预言了黑洞的存在

英国天文学家约翰 · 米歇尔预言了黑洞的存在，认为其密度很大且非常紧凑，拥有连光都无法逃逸的巨大引力。此外，他还是第一个提出地震以波的形式传播、第一个解释如何制造人造磁铁、第一个将统计学应用于宇宙研究的人。他还发明了一种测量地球质量的仪器。有人评价说，米歇尔的成就听起来确实像是从一本 20 世纪出版的天文学教科书上撕下来的。美国物理学会将米歇尔描述为“远远领先于他同时代的科学家”。

约翰 • 米歇尔

8 天上的星星能数清楚吗

1784 年，威廉·赫歇尔决定要数一数天上的星星究竟有多少，同时想了解在不同的地方，星星的数目究竟是怎样分布的。通过观测，他发现越靠近夜空中的那条乳白色的光带，每单位面积上的恒星数目就越多。1785 年，他绘制出了银河系图形，发现和证明了银河系呈扁平形状。但非常遗憾，他错误地认为太阳系位于银河系中心。

曾经有一些天文学家也认为银河系是扁平的。比如，1750 年，英国天文学家赖特认为银河系是扁平的。1755 年，德国哲学家康德提出了恒星和银河之间可能会组成一个巨大的天体系统，随后的德国数学家郎伯特也提出了类似的假设。

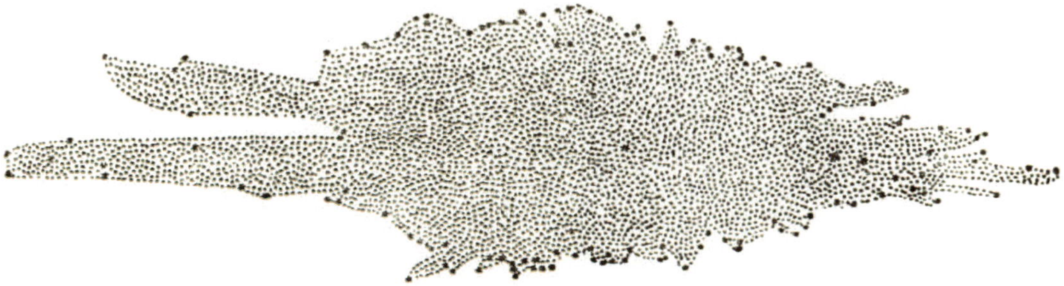

威廉·赫歇尔绘制的银河系

9 谁发现了红外线

1800 年，威廉 · 赫歇尔在研究阳光穿过玻璃棱镜产生各种颜色光的温度时，发现了不可见的太阳红外辐射现象。他当时用温度计测量太阳光谱的各个部分，结果发现，在将温度计放在光谱红端外测温时，温度上升得最高，而那里却完全没有可见颜色的光线。于是他得出结论：太阳光中包含着处于红光以外的不可见光线，也就是红外线。

威廉 • 赫歇尔发现红外光线

10 发现谷神星

1801 年 1 月 1 日晚上，意大利天文学家朱塞普 · 皮亚齐通过望远镜，发现在星空中有一个神秘的移动星点，起初他以为那只是一颗新星，移动只是因为观测错误，但在随后的三个晚上再次观测之后，他肯定这星点并非恒星。于是他公布这是一颗彗星。但由于这颗天体没有呈云雾状，移动速度亦较慢且均匀，他又意识到这颗天体可能也不是彗星。

可是这颗天体不久便淹没在阳光之中，后来凭借德国数学家高斯给出的轨道计算方法，才再次找到它，证实了皮亚齐的猜想，这颗天体确实不是彗星。皮亚齐实际上已经发现了第一颗小行星，后来被命名为“谷神星”，位于火星和木星轨道之间，跨度约 930 公里。

朱塞普 • 皮亚齐

知识点

流星是陨石吗

在太阳系中，有三类小天体经常让人产生混淆，这三类小天体分别是流星体、流星和陨星，它们都是宇宙中的碎屑，只是在不同状态与情形下有不同的名字。

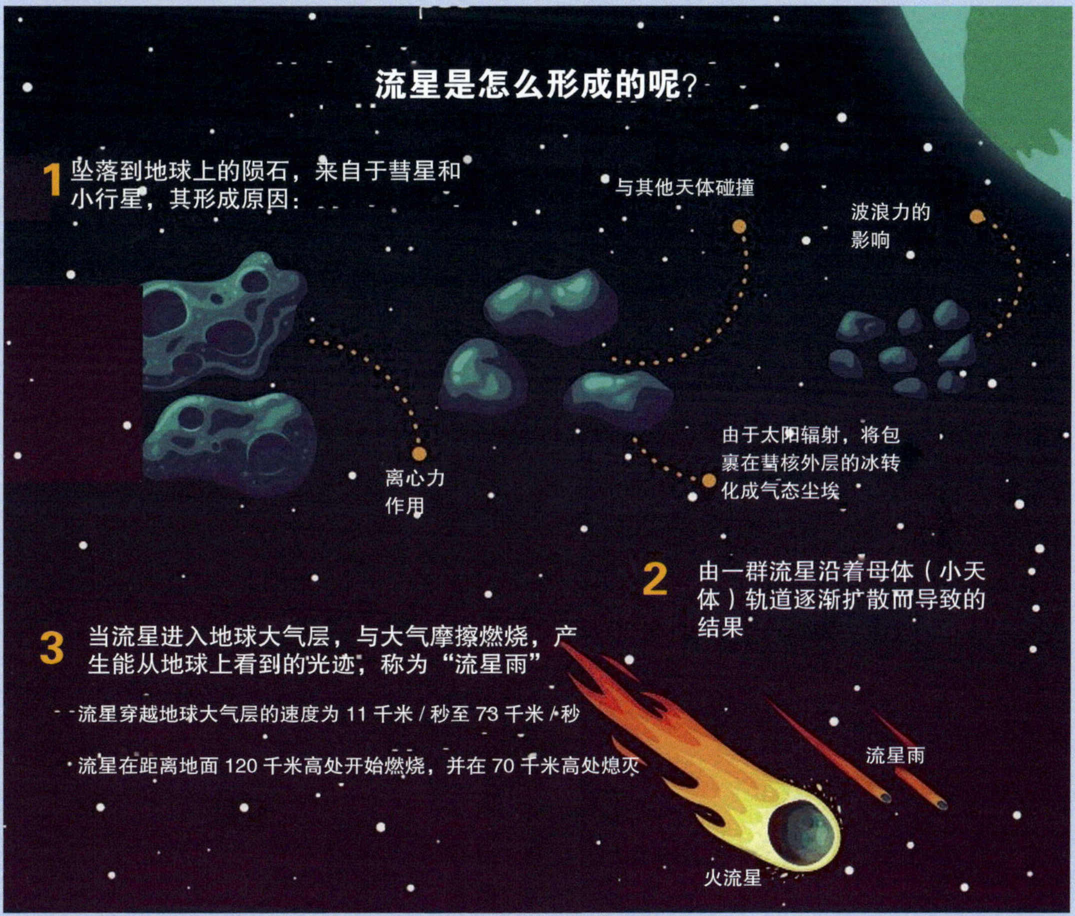

流星雨的形成

在中国台湾以东海域抓拍到的超大火流星

流星体是太阳系内颗粒状的碎片，其尺度可以小至沙尘，大至巨砾，但通常比小行星要小得多。它们并不是按照一定的轨道绕太阳旋转，而是在太空中以任意路径运行。多数流星体是由小行星、彗星、自然卫星等天体在撞击分裂后而产生的。

流星是指运行在星际空间的流星体，各个流星的颜色会因其燃烧程度而有所不同。尤其是在接近地球时受到地球引力的摄动而被地球吸引，从而进入地球大气层，并与大气摩擦燃烧产生光迹。流星包括单个流星、流星雨和火流星三种。

流星雨的产生一般认为是流星体与地球大气层相摩擦的结果。流星雨看起来像是流星从夜空中的一点迸发并坠落下来。这一点，或这一小块天区就称作流星雨的辐射点。通常以流星雨辐射点所在天区的星座给流星雨命名，以区别来自不同方向的流星雨。偶尔，也会出现单个流星，并且在方向和时间上也是随机的，也无任何辐射点可言，这种流星称为偶发流星。

上图是一位摄影师随远洋货轮航行于中国台湾以东海域，抓拍到的一颗超大火流星。那么，什么是火流星呢？火流星通常是指异常明亮的流星，但国际天文学联合会尚未对火流星做正式的定义。

实际上，火流星就是一大块燃烧强烈的流星。火流星通常像燃烧的火球一样非常明亮，看上去像拖着个尾巴，而且带着浓烟和噼啪响声。火流星出现的概率很小，这是因为它一般在外层大气层就燃烧殆尽了，只有少数才能到达离地面更近的空气稠密区域，最终掉到地面成为陨石。

2021 年，科学期刊《地质学》上发表一篇研究报告指出，每年大约有 17000 颗陨石在 2019 年至 2020 年间从太空掉到地球上，每块重量分布在 50 克到 10 千克之间，但公斤量级的太空碎片则非常少。这是因为陨石在穿过地球大气层过程中，体积会逐渐减少。科学家经分析与研究发现，大部分陨石在穿过大气层后，是以尘埃或非常小的颗粒的形式掉到地球表面，人们几乎无法察觉到，这也是为什么人们很难在地面上发现陨石的原因。

反射式望远镜

1668 年牛顿发明了反射式望远镜。反射式望远镜是迄今为止应用最广泛的望远镜之一，牛顿反射式望远镜的设计原理使得今天制造大型望远镜成为现实。

牛顿发明的反射式望远镜

《自然哲学的数学原理》的出版

在牛顿发现万有引力的20年后，科学家们似乎觉得“在距离的平方反比的力的作用下，物体的运动轨迹将呈现椭圆形”。但没有谁可以证明这一结论。哈雷认为牛顿能够证明这个问题，于是他拜访了牛顿，结果发现牛顿已经解决了这个问题。在哈雷的鼓励下，牛顿对这些研究成果进行了系统的整理，并于1687年出版了《自然哲学的数学原理》。

《自然哲学的数学原理》分为三卷，第一卷表述了牛顿三定律，第二卷论述了在阻力作用下的物体运动，第三卷讨论了宇宙体系。其中，牛顿的三大运动定律和万有引力定律是全书的核心内容。

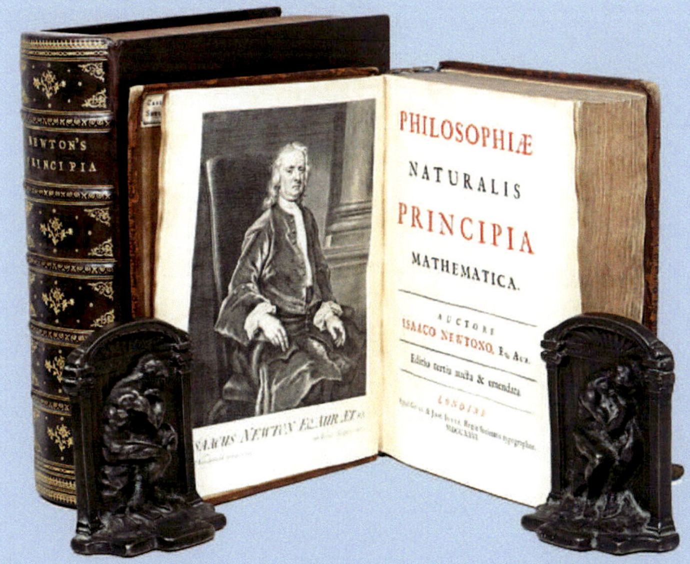

牛顿的《自然哲学的数学原理》

随着现代科学技术的不断进步，照相机的出现给天文观测带来了革命性的变革，照相机记录各种天体和天象，甚至遥远的深空天体，比人眼目测更具客观性。天文摄影与光谱学相结合，让天文学家迈进成果迭出的时代。

十四

用相机开启追星历程

1 首次用相机拍摄月球

1840 年，美国科学家约翰 · 德雷珀通过望远镜拍摄了第一张月球的银版照片，成为世界第一个拍摄月球照片的人。

德雷珀是一名医生，同时也是一名科学家和摄影师。他研究光化学，并提出了更好的拍照方法。在德雷珀成功拍摄月亮之前，另一位摄影师也试图做同样的事，但他的照片却模糊不清。德雷珀拍摄出第一张月球照片前也经历过几次尝试，最后他尝试用 5 英寸望远镜进行了 20 分钟的曝光，制作了一个月亮的银版照相机，拍摄了第一张月球的银版照片，并在 1840 年 3 月 23 日公开宣布了他的结果。

约翰 • 德雷珀于 1840 年拍摄的世界上第一张月球照片

2 什么是“多普勒效应”

1842年的某一天，奥地利物理学家克里斯琴·多普勒路过铁路交叉处，恰逢一列火车从他身旁飞驰而过，他发现火车从远及近时汽笛变响、音调变尖，而火车从近及远时汽笛变弱、音调变低。他对这个现象很感兴趣并对其进行了研究，发现这是由于振源与观察者之间存在着相对运动，使观察者听到的声音频率不同于振源频率的现象。他的这一发现至今仍对世界有重大影响，为了纪念他，人们就把这一现象称为“多普勒效应”或“多普勒频移”。多普勒频移也发生在光学中，当一个天体靠近时，光线会变成蓝色，当一个天体后退时，光线会变成红色。天文学家利用“多普勒频移”计算恒星或星系在宇宙中移动的速度，并帮助人类发现了宇宙的膨胀。

克里斯琴·多普勒

3 发现太阳黑子规律

1843 年，德国天文学家萨缪尔 · 海因里希 · 史瓦贝致力于天文学的研究，试图发现水星轨道内侧环绕太阳的一颗新行星，因为它很接近太阳，所以很难被发现，但史瓦贝相信当它经过太阳前方时会呈现出一个黑点，这样能被观察到。在长达 17 年的观察时间里，他日复一日的观察太阳表面，记录下每一个黑点，虽然没有发现新行星，但却因此发现了太阳黑子活动，按照他的观察数据，可以估算周期为 10 年。随后瑞士天文学家鲁多夫 · 沃尔夫等人将太阳黑子的活动周期精确至 11 年。

萨缪尔 • 海因里希 • 史瓦贝

4 哈佛大学的私人天文台

美国天文学家威廉·邦德因为 17 岁时观赏了日全食，便热爱上了天文学，还在自己家中建立了一个屋顶可以开合的小型天文台。1839 年，哈佛大学提议将邦德的私人天文台并入大学，称为哈佛大学天文台，邦德担任首任台长。1850 年，邦德使用银版照相法拍摄了织女星的照片，获得恒星照片需要 100 秒的曝光时间，这是人类拍摄的第一张太阳系以外的恒星的照片。

威廉·邦德

19 世纪的哈佛大学天文台

5 证明地球自转的傅科摆

法国物理学家莱昂 · 傅科，最著名的发明是显示地球自转的傅科摆。1851 年，他在法国巴黎先贤祠悬挂了一枚很长的重摆，用以显示地球的自转，此举吸引了许多观众。除此之外他还曾测量光速，发现了涡电流。他虽然没有发明陀螺仪，但是这个名称是他起的。在月球上有一座以他命名的陨石撞击坑。

莱昂 • 傅科

巴黎先贤祠悬挂的傅科摆

6 分析恒星光谱的第一人

1862年，英国天文学威廉·哈金斯爵士，也是光谱学的先驱，建造了一座私人天文台，并进行各种不同天体光谱的发射线和吸收线的观察。他是第一个对恒星进行光谱分析的人，确定恒星是由地球上所发现的相同元素组成的。这个发现至今仍在用于测定恒星的组成和内部活动过程。他也是第一个能用光谱特征区分星云和星系之间差异的人，例如，猎户座大星云具有气体特征的发射谱线，仙女座星系的谱线特征如同恒星。

威廉·哈金斯爵士

人类自古以来就一直认为太阳对地球有巨大影响，许多国家的民俗文化把太阳当成神来崇拜。随着科学技术的发展，人们渐渐认识到太阳并非像传说中的那样。人类开始从科学角度观测太阳，并通过太阳光谱、金星凌日、月食和日食变化等天文现象来研究太阳的活动规律。

十五

科技的进步推动宇宙探索

1 第一张恒星光谱照片的诞生

美国天文学家亨利 · 德雷伯是天体摄影的先驱者之一，他年轻时建立了美国第一座专门用于天体摄影的天文台，并自制了反射望远镜。1872 年 8 月他拍摄到了织女星的光谱，这也是人类拍摄的第一张恒星光谱的照片。这张照片开创了光谱学的新纪元。

后来，德雷伯的妻子设立了亨利 · 德雷伯奖章，以表彰在天文物理学领域具有特殊成就的科学家。现在，德雷伯奖章已经成为天体物理学领域最著名的奖项之一，获奖者是由美国国家科学院推选出来的。

亨利 • 德雷伯

由美国国家科学院颁发的德雷伯奖章

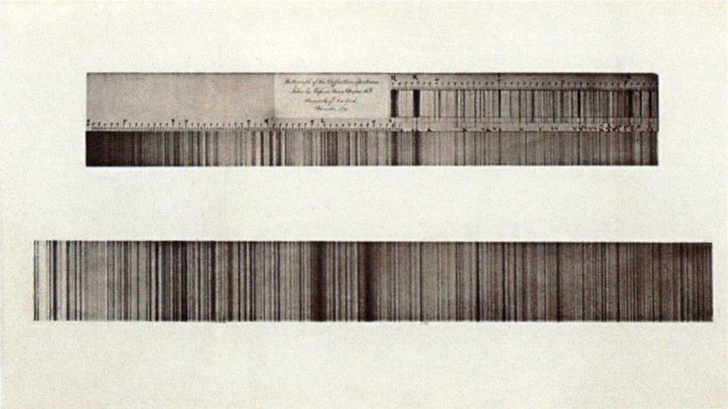

完整的太阳光谱照片（德雷伯于 1873 年拍摄）

2 最早确定太阳旋转周期的人

查尔斯·奥古斯塔斯·杨是美国著名的太阳光谱学天文学家，他观察了日食，并研究了太阳光谱。他于 1872 年 8 月 3 日用光谱仪观察了太阳耀斑，并注意到这次日食与地球上的磁暴相吻合。

他也是最早尝试确定太阳精确旋转周期的人。天文学家们计算出太阳不同于固体星球的旋转，而太阳表面则表现出不同的旋转——在赤道附近自转周期大约为 25 天，而在太阳两极自转周期大约为 35 天。

查尔斯·奥古斯塔斯·杨

3 绘制火星地图

意大利天文学家乔瓦尼·斯基亚帕雷利因为对火星的研究而闻名于世。他观察火星上的线性标记，综合了当时观测火星的各种结论，于 1888 年绘制出了火星地图。发生在 1877 年的火星大冲，斯基亚帕雷利观察到了一种特征“canali”，意大利语意思是“水道”，但是在翻译成英语时被误翻译为“canals”，意思是“人造运河”，因而出现了许多关于智能生物在火星建造人工运河的假设。

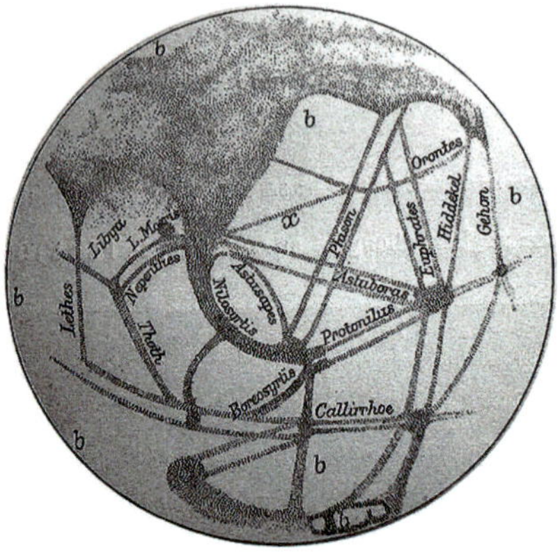

乔瓦尼·斯基亚帕雷利于 1888 年绘制的火星地图

乔瓦尼·斯基亚帕雷利

4 正式确定本初子午线

1884 年在华盛顿举行的国际本初子午线大会上，把英国伦敦格林尼治天文台原址的那条经线正式定为 0° 经线，也叫本初子午线。

在地球仪上，连接南北两极的线称为“经线”或“子午线”。经线指示南北方向，所有的经线长度相等，经线标注的度数就是经度。理论上任何一条经线都可以被定为本初子午线。但在 1884 年之前，超过三分之二的国际船只都使用英国伦敦格林尼治天文台原址的那条经线为参考子午线。

英国格林尼治天文台的本初子午线

5 发现火星“运河”的人

美国天文学家帕西瓦尔 · 罗威尔，在美国亚利桑那州的弗拉格斯塔夫建立了罗威尔天文台，在那里他开始了对火星的深入研究。1896 年，他安装了一台 24 英寸的巨型折射望远镜来观测火星。

他是最先将火星上的“沟槽”描述成“运河”的人，并最终促使冥王星在他去世 14 年后被人们发现。冥王星的缩写“PL”是罗威尔名字的缩写，以示对他的尊敬和纪念。

美国天文学家帕西瓦尔 • 罗威尔

6 建立火箭运动方程的人

苏联科学家康斯坦丁·齐奥尔科夫斯基被后人称为“航天之父”，以他名字命名的火箭方程是他独自推导出来的火箭推动原理，这一方程是现代空间飞行器的基础原理，为人类研究固体火箭和液体火箭发动机奠定了理论基础。他还提出了多级火箭的设想，以及液体推进剂火箭的构思和原理图。

此外，他还支持并参与完善向外星移民的设想，认为这能让人类永久存在下去。他有一句名言：“地球是人类的摇篮，但是人不能永远生活在摇篮里。”人们不断地争取着生存世界和空间，起初小心翼翼地穿出大气层，然后就是征服整个太阳系。

康斯坦丁·齐奥尔科夫斯基

宇宙射线的研究已逐渐成为了天体物理学研究的一个重要领域，宇宙射线研究的主要推动力是科学家渴望了解为什么这些天体上能产生如此超常能量的粒子。科学家试图解开宇宙射线来源之谜。

十六

太阳磁场和宇宙射线

1 最先描述巨星和矮星的人

埃纳尔·赫茨普龙是最先描述巨星和矮星的人。什么是巨星和矮星呢？举个例子，红巨星和白矮星，都是生命殆尽的恒星。从现在开始的数百万年后，当太阳即将耗尽自身的氢燃料时，就会进化成为一颗红巨星，最终还会进化成为一颗白矮星。

1908 年，丹麦天文学家埃纳尔·赫茨普龙在观测恒星时，发现了恒星颜色和亮度之间的关系，但他的这个发现并没有引起人们的重视，直到美国天文学家亨利·罗素支持了埃纳尔·赫茨普龙的这一发现之后，人们才开始重视起赫茨普龙的研究成果。后来人们就把恒星光谱光度图称为“赫罗图”。

埃纳尔·赫茨普龙

2 最早发现太阳磁场的人

美国天文学家乔治·埃勒里·海尔，发明了太阳单色光照相仪，并且透过该仪器发现了太阳表面的涡流。1908 年，他把从太阳黑子光谱中观测到的谱线分裂后，与实验室条件下的磁场中的谱线分裂进行比较，证实了太阳黑子中存在强磁场，这是科学家们最早发现地球之外有磁场的事实。此外，他还发现了太阳活动周期的每一次循环时的黑子极性变化情况，并从中总结出了极性运动的规律。

乔治·埃勒里·海尔

3 发现宇宙射线

1912 年，一位名叫维克多 · 赫斯的美国科学家，亲自携带仪器登上热气球，当气球上升到 5334 米的高空时，他发现仪器上的电流读数会随着气球上升而增大，所以他认定电流应该是由来自地球以外的一种穿透性极强的射线所产生。后来人们就将这种射线称为“宇宙射线”，而维克多 · 赫斯也因为发现宇宙射线，在 1936 年获得诺贝尔物理奖。

宇宙射线是一种来自外太空的高能亚原子粒子，大部分是质子：85% 是氢原子核，12% 是 α 粒子，以及少量电子及重原子核等。这些射线会以接近光的速度射向四面八方。

维克多 • 赫斯携带仪器登上热气球

4 发现比邻星

1915 年，苏格兰天文学家罗伯特·因尼斯在南非发现了比邻星，这是离太阳系最近的恒星，位于太阳之外，距离太阳系 4.22 光年。当时罗伯特·因尼斯正担任约翰内斯堡联合天文台的主管。

比邻星位于半人马座，是半人马座 α 三合星的第三颗星，根据拜耳命名法也称为半人马座 α 星 C，按照恒星分类属于红矮星。

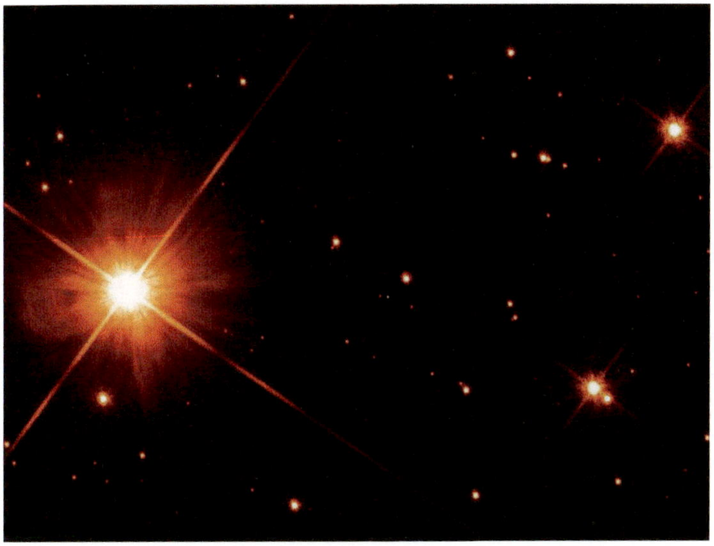

哈勃空间望远镜拍摄的比邻星照片

5 谁是最先计算“黑洞”的人

爱因斯坦并没有发现“黑洞”的存在，但是他的相对论确实预测了“黑洞”的形成。而德国天文学家卡尔 · 史瓦西是第一个使用爱因斯坦的方程式来证明“黑洞”确实存在的人。

1916 年，卡尔 · 史瓦西通过计算得到了爱因斯坦引力场方程的一个严格“解”。通过这个“解”就可以推出：如果将大量物质集中于空间一点，其周围会产生奇异的现象，即在质点周围存在一个界面——“视界”，一旦进入这个界面，即使光也无法逃脱。这种“不可思议的天体”就是我们今天所说的“黑洞”。

卡尔 • 史瓦西

6 爱因斯坦发现了引力波的存在

1916 年，爱因斯坦在他的广义相对论里首次提到引力波。当物体具备充足的质量加速时，有时可以产生穿越时空结构的波，就像池塘泛起的涟漪。虽然在不久之后，爱因斯坦又置疑引力波的存在，但是这些被称为引力波的时空褶皱却成为了广义相对论的一个关键预测。

一直以来，对引力波的探索和研究吸引着世界各地的研究人员。在 20 世纪 70 年代，科学家通过观测，首次发现了令人信服的引力波迹象。2015 年，美国的激光干涉引力波天文台（LIGO）探测到两个黑洞之间遥远碰撞的余波，并在 2016 年也就是爱因斯坦发现引力波 100 年后宣布，人类开启了“聆听”宇宙的新途径。

两个黑洞盘旋在一起会产生引力波（示意图）

在久远的古代，人类就对银河系充满了好奇，并随着时间的推移，人类对银河系的认识也在不断深入。从20世纪50年代开始，科学技术的发展使银河系的神秘面纱被慢慢揭开。每个星系中几乎都存在黑洞，银河系中央也存在质量接近400万倍太阳质量的黑洞。由于火星与地球自然环境相似，引起了研究生命起源的学者对火星的兴趣……人类的航天时代到来了！

十七

人类进入航天时代

1 "追星功臣"——胡克反射望远镜

1917 年，2.5 米口径的胡克望远镜开始在美国加利福尼亚的威尔逊山上运行，它在这之后的 31 年里，一直保持世界上最大光学望远镜的地位。

爱德温 · 哈勃曾经使用这架望远镜完成了他的关键观测和计算，确定了许多所谓的“星云”是属于银河系外的星系。在这台望远镜帮助下，他利用红移现象，建立了哈勃定律，提出了宇宙在膨胀的理论。至此，星系天文学和观测宇宙学也正式走上了历史的舞台。

胡克望远镜

2 银河系中心是太阳吗

1918 年，美国天文学家哈洛·沙普利通过测量 93 个球状星团的距离，并假设它们均匀地分布在星系的核心周围，提出了银河系的中心不是太阳系，太阳系其实是处在银河系边缘的假设。

简单来讲，银河系是一个棒旋星系，在整体上呈椭圆盘形，具备一个直径约为 10 万光年的盘面结构，其中有四条清晰的旋臂。哈洛·沙普利利用天琴 RR 型星正确地估算出了银河系的大小，并指出太阳系距离银河系中心的位置，就位于四条旋臂之一名为“猎户座旋臂”的边缘。

哈洛·沙普利

3 第一枚液体燃料火箭发射成功

美国物理学家罗伯特 · 戈达德，经过 20 年的潜心专研，于 1925 年设计并试射了世界上第一枚用软体化学燃料作动力的火箭，1926 年他又在马萨诸塞州奥本成功发射了第一枚液体燃料火箭。这枚火箭的燃料是液氧和汽油，整个飞行过程 2.5 秒，飞行高度为 12.5 米，飞行距离为 56 米。

许多历史学家认为火箭发射与怀特兄弟的飞机首次飞行一样重要，戈达德的试验证明了火箭可以飞出地球大气层也能飞向太空。

罗伯特 • 戈达德

罗伯特 • 戈达德在发射火箭的现场

4 最早提出宇宙大爆炸理论的人

1927 年，比利时天文学家和天主教神父乔治·勒梅特提出了宇宙大爆炸假说，尽管“大爆炸”一词直到 1949 年才被创造出来。他本人将其称作“原始原子的假说”。这一模型的框架是基于爱因斯坦的广义相对论，并在方程的求解上作出了一定的简化。

“大爆炸”的说法也并非一开始就被确定下来，这一名称是英国天体物理学家弗雷德·霍伊尔最早提出来的，作为“宇宙并不是始终存在的”这一说法的反对者，他讽刺地将“奇点”称为大爆炸，从此“大爆炸”的名称便流传下来，并被人们广泛使用。

乔治·勒梅特

5 接收到银河系中心的无线电波

1931 年，美国工程师卡尔 · 央斯基在为贝尔电话实验室调查无线电静电源时，发现了来自银河系中心的无线电波，这标志着射电天文学的诞生。

射电天文学是天文学的一个分支，是通过电磁波频谱以无线电频率来研究天体。射电天文学以无线电接收技术为观测手段，观测的对象遍及所有天体。从近处的太阳系天体到银河系中的各种对象，直到极其遥远的银河系以外的目标。

射电天文波段的无线电技术，到 20 世纪 40 年代才真正开始发展。对于历史悠久的天文学而言，射电天文使用的是一种崭新的手段，为天文学开拓了新的研究空间。

卡尔 • 央斯基

6 白矮星理论的先驱

1935年，白矮星理论的先驱苏布拉马尼扬·钱德拉塞卡提出，一颗大质量的恒星不会停留在白矮星阶段，应该考虑其他的可能性。当时的他几乎已说出现在黑洞的概念：“恒星会持续塌缩，这颗星体积会越变越小、密度会越来越大。”

白矮星，因为它的颜色呈白色、体积比较矮小，因此被命名为白矮星。也有人认为，白矮星的前身可能是行星状星云。白矮星是一种很特殊的天体，它的体积小、亮度低，但质量大、密度极高。比如天狼星伴星，是最早被发现的白矮星，体积比地球大不了多少，但质量却和太阳差不多。

苏布拉马尼扬·钱德拉塞卡

7 第一批进入太空的生命

1947 年 2 月 20 日，美国用缴获的德国 V-2 火箭，把果蝇送到 109 公里高空。果蝇在很多方面与人类相距甚远，并且果蝇繁殖快、食量小、生命周期短、DNA 变异快，因此是研究太空辐射对遗传和免疫影响的良好范本。

太空的果蝇

8 假设“奥尔特云”的存在

1950 年，荷兰天文学家简・奥尔特提出：彗星起源于距离太阳大约 1 光年的球体云团，那里布满了不少不活跃的彗星。

目前，这个包围着太阳系的球状云被称为“奥尔特云”，天文学家普遍认为“奥尔特云”是 50 亿年前形成太阳及其行星的星云的残余物质。

虽然“奥尔特云”中存在数以亿计的天体，但那里的密度其实非常低，因为空间实在是太大了。只是相对于几乎真空的其他太空区域，“奥尔特云”中的物质密度才显得高一些。但事实上，“奥尔特云”天体并非密密麻麻地覆盖在太阳周围，那里其实非常空旷，人类发射的航天器也许会在“奥尔特云”中穿行上万年的时间。

包围整个太阳系的“奥尔特云”

9 人类进入航天时代的重要标志

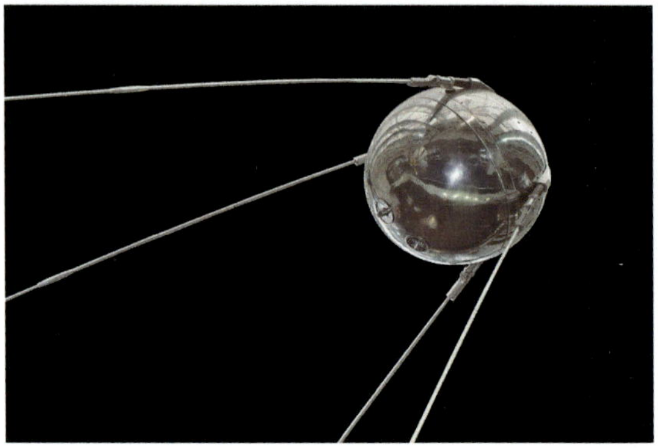

斯普特尼克 1 号

斯普特尼克 1 号（Sputink 1）是由苏联火箭专家科罗廖夫领导研制的，是人类第一颗人造卫星。它是一个铝制球体，直径 58 厘米，重 83.6 千克，有 4 根鞭状天线，内装有科学仪器。Sputnik 在俄语中是“旅行伴侣”的意思。

1957 年 10 月 4 日，苏联在拜科努尔航天中心率先将斯普特尼克 1 号发射升空。斯普特尼克 1 号升空后发射了 3 个星期信号，在轨道中度过 3 个多月，围绕地球转了 1400 多圈，最后坠入大气层消失。

同年 11 月 3 日，苏联又率先把一只流浪狗“莱卡”送入太空，“莱卡”也是第一只进入太空的地球生物。

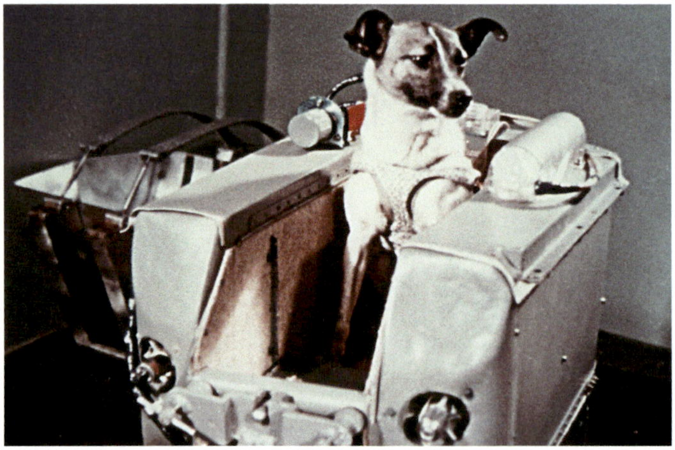

第一只进入太空的动物

10 探索外星文明的奥兹玛计划

奥兹玛计划是美国康奈尔大学的天文学家法兰克·德雷克于 1960 年在美国国家无线电天文台使用位于西维吉尼亚的绿堤电波望远镜进行的早期搜寻地外文明计划，其目的是通过无线电波搜寻邻近太阳系的生物标志信号。

这个计划的灵感来自美国作家弗兰克·鲍姆的童话《绿野仙踪》中虚构的奥兹国统治者奥兹玛女王，并以她的名字命名。

西维吉尼亚的绿堤电波望远镜

11 人类首次登月

1969 年 7 月 20 日发射的阿波罗 11 号是美国阿波罗计划中的第五次载人任务，也是人类第一次登月任务。3 位执行此任务的宇航员分别为指令长阿姆斯特朗、指令舱驾驶员迈克尔 · 科林斯以及登月舱驾驶员巴兹 · 奥尔德林。阿姆斯特朗和奥尔德林成为了首次踏上月球的人类，也标志着人类朝着成为宇宙真正公民迈出的第一步。

阿波罗 11 号的三位宇航员

宇航员在月球上留下的脚印

12 首次登陆火星的探测器

1971 年 12 月，苏联的火星 3 号探测器成功登陆火星地面，成为有史以来第一个成功在火星表面着陆的探测器。但是它仅仅在火星上工作了大约 20 秒，甚至没有发回一张完整照片就与地球失去联系了，这可能是当时火星上发生了强大的沙尘暴而造成的。

2013 年 4 月，俄罗斯航天爱好者们在查看由美国火星勘测轨道器传回的图像时，发现了 1971 年着陆火星的火星 3 号探测器遗骸的线索。

苏联的火星 3 号探测器准备发射

13 人类航天器首次飞掠木星

1973 年 12 月 2 日，美国发射的先锋 10 号探测器在经历 21 个月旅行后，成为第一颗飞越木星的人类航天器，并向地球传回了第一幅近距离的木星照片。直到今天，先锋 10 号仍在继续其漫长的旅程，朝着金牛座方向前进，如无意外，它将在 200 万年后接近毕宿五。

先锋 10 号传回的第一幅近距离的木星照片

知识点

黑洞与白洞：奇妙的对立统一

对立统一是奇妙的哲学概念，可以用来总结世间万物的规律。既然黑洞被认为是吞噬一切的庞然大物，那么就应该有某种和黑洞对立相反的物质。科学家们经过反复研究和大胆猜测后，把这种物质称为白洞。

理论上，白洞和黑洞有很多相似之处，都有类似的封闭边界，中央的密度都非常大。但是，黑洞吞噬一切，白洞正好相反，释放一切。任何物质，包括光线，都无法进入白洞。

科学家认为，光线接触到白洞的边界时就会受到阻挡，因为白洞就像喷泉一样不断向外喷射各种物质和能量，而不会吸收外界的物质和能量。

这里就要隆重请出物理界“大咖”爱因斯坦登场了。除了众所周知的相对论，爱因斯坦还是“宇宙对称性”理论的坚持者。在他看来，既然有黑洞，那么一定存在与之“相对称”的“白洞”。

科学家们假设，黑洞和白洞是由虫洞这类“时空隧道”相连的。爱因斯坦就认为，在虫洞的另一侧存在所谓“平行宇宙”，在那里有黑洞的对立天体——致密物质构成的喷射源，也就是白洞。

既然还无法证明真实存在，白洞的物理性质暂时只能凭逻辑推论：白洞带有电荷吗？可以旋转吗？目前科学家们对这些存在很大争议，还没给出确切的答案。

不过，大多数科学家认为，如果白洞不断向外释放物质，必然具备强大的斥力，而这种斥力应该不带任何电荷，否则，正负电荷作用下，力的状态就会变得混乱。同理，白洞应该不太可能旋转。

1971 年，关于白洞的理论假说更进一步。有美国天体物理学家在《自然》杂志上发表论文，提出新观点：物质掉入黑洞后，可能重新出现在宇宙中的其他地方，甚至出现在“另一个完全不同的宇宙”中，而这种移动就是通过白洞完成的。

在白洞相关理论提出后的几十年里，科学家们没发现任何能证明白洞存在的证据。直到 2006 年 6 月 14 日，美国宇航局的雨燕卫星观测到了一次异常的伽马射线暴，事情似乎

雨燕卫星观测到伽马射线暴（假想图）

迎来转机。

经过几年研究后，科学家们表示，那次伽马射线暴的猛烈程度和持续时间可以用“短暂存在的白洞”加以解释。具体而言，当时这个白洞可能在喷射出一些物质后迅速塌陷。

物理学界和天文学界都兴奋了一阵子，毕竟这有望成为人类发现的首个白洞。不过，在严谨的科研人员眼中，这仍然只是假说，甚至白洞截至目前还只是推论和想象中的产物。

其实，白洞的概念也存在一些争议。比如，白洞不吸收任何物质，只是不断向外喷射物质。这就违背了能量守恒定律。况且白洞的质量必然是有限度的，不可能永无休止地向外喷射物质。

所以，一些科学家认为，白洞很可能就是黑洞。也就是说，黑洞一边不断地吸收各种物质，另一边不断地向外喷射各种物质，可以理解为，进入黑洞的物质最终会从另一个方向出来。

此外，因为能量和质量可以相互转化，所以有科学家认为，黑洞可能也会向外发射能量。这种观点简直颠覆了传统上关于黑洞的定义，倒是进一步支持了“白洞就是黑洞”的猜测。总之，关于白洞和黑洞，迄今为止，科学家们还没有明确的定论。类似的天文谜团吸引着人们不断地去探索，力争尽早揭开它们的奥秘，也许这就是太空探索的魅力吧。

星际航行是行星际航行和恒星际航行的统称，行星际航行是指太阳系内的航行，恒星际航行是指太阳系以外的恒星际空间的飞行。从20世纪70年代以后，人类航天开始逐渐迈向不载人的行星际航行时代。比如，先锋号或旅行者号的太空之旅，除非它们受到了不平衡的外力作用，否则它们会一直沿着既定的方向匀速地运动下去。

不知道我们在有生之年是否会离开地球开始星际移民，也不知道我们的生命形式是否会超出现在的范畴，甚至不知道我们的认知能力是否足以理解宇宙和自身。但我们相信：只要人类这个物种还存在，就会有一些成员作为先驱，将人类足迹与思维的边疆拓展到更远的地方。

十八

从航天时代到星际航行时代

1 历史性的太空握手

1975 年 7 月 15 日，苏联联盟号和美国阿波罗号在各自国家的发射时间间隔 7 个半小时后，于 7 月 17 日在太空实现对接。2 位指令长斯塔福德和列昂诺夫在联盟号的舱门处代表各自国家第一次在太空握手。7 月 19 日，美国和苏联宇航员在太空完成了史无前例的 44 小时的国际使命。阿波罗号和联盟号开始分离，苏联人将在第二天返回地面，美国人将在 5 天后返回。

联盟号和阿波罗号太空对接

2 首个成功登陆火星的航天器

1976 年 7 月 20 日，美国海盗 1 号火星探测器降落在火星赤道附近，几秒后开始向地球传送首批火星表面图像。海盗 1 号和海盗 2 号是美国宇航局火星探测计划中发射的两个航天器。海盗号由轨道舱和着陆舱组成。轨道舱从太空对火星空间环境、火星地面以及火卫一、火卫二进行观测；着陆舱则在火星表面探测火星上是否存在生命，同时勘测火星地貌、火星大气和地震活动。

美国海盗号火星探测器

3 哥伦比亚号航天飞机发射成功

1981 年 4 月 12 日，在美国卡纳维拉尔角肯尼迪航天中心，哥伦比亚号航天飞机首飞成功，它的发射揭开了航天史上新的一页。哥伦比亚号的命名是源自美国第一艘环绕地球航行的探险船只“哥伦比亚”号。

哥伦比亚号航天飞机升空

4 伽利略号抵达木星

1989 年 10 月 18 日，亚特兰蒂斯号航天飞机成功地释放出伽利略号探测器。至此，伽利略号开始飞往木星的漫长征途。1990 年 2 月它掠过金星，1990 年 12 月和 1992 年 12 月它两次飞越地球，然后它借助地球引力于 1995 年 12 月抵达木星。抵达木星后，伽利略号释放一颗探测器，探测器落入木星大气层后开启了探测木星大气参数的任务，这是人类首次利用探测器深入外层空间行星的大气层。

抵达木星的伽利略号

5 哈勃空间望远镜升空

1990 年 4 月 24 日，哈勃空间望远镜在美国肯尼迪航天中心由发现者号航天飞机成功发射。哈勃空间望远镜是以美国天文学家爱德温 · 哈勃的名字命名的，是位于大气层之上的光学望远镜。哈勃空间望远镜的主要任务是探测宇宙深空，解开宇宙起源之谜，了解太阳系、银河系和其他星系的演变过程。2019 年 5 月，哈勃空间望远镜科学家公布了最新的也是迄今最完整最全面的宇宙照片。

哈勃空间望远镜

6 发现第一个柯伊伯带天体

1992 年，经过不懈探索，美国天文学家大卫·朱维特等发现了第一个柯伊伯带内的天体，其名字为 1992QB1，直径为 100 千米至 170 千米。

柯伊伯带位于海王星轨道之外的区域，它包含数百万个小的类似太阳形成之初的天体，这些小天体围绕太阳运行，被称为星子，有些直径超过 100 千米。

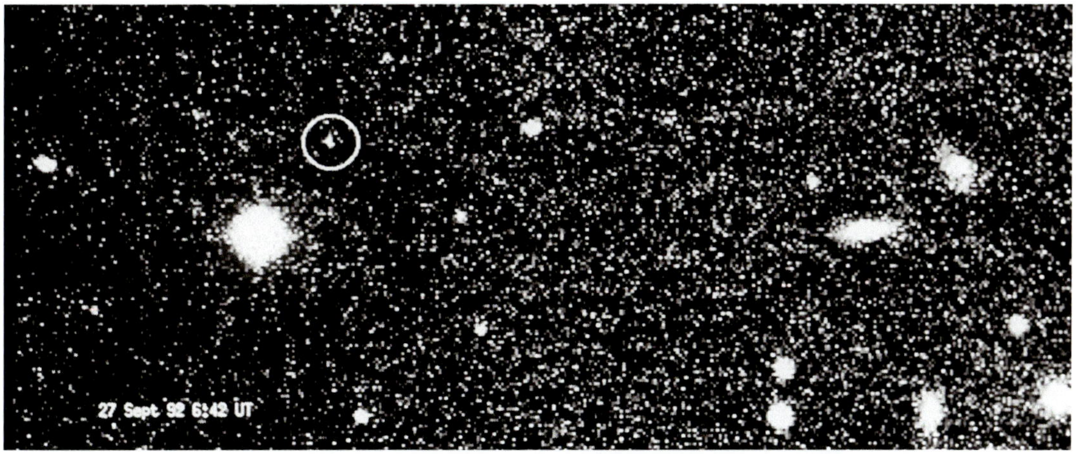

柯伊伯带天体 1992QB1

7 开始建设国际空间站

1998 年 11 月 20 日，人类开始在太空建设国际空间站，宇航员将美国建造的团结号节点舱与俄罗斯建造的曙光号节点舱连接起来，空间站的总体任务是“实现对太空的长期探索，并为地球上的人们提供福利”。目前，国际空间站是在轨运行最大的空间平台，可开展大规模、多学科基础和应用科学研究的空间实验室。

国际空间站是一个环绕地球的大型航天器，也是一个独特的科学实验室和宇航员生活的地方。国际空间站由几个国家共同建立和使用，它位于地球轨道的平均高度约 400 公里，以大约每小时 28 000 千米速度围绕地球运行，也就是每 90 分钟绕地球转一圈。

正在建设中的国际空间站

8 第一个探索和着陆小行星的航天器

会合－舒梅克号是美国发射的探测卫星，会合－舒梅克这个名称是为了纪念美国天文学家尤金·舒梅克而命名。主要任务是绕飞并研究爱神星，它是第一个探索并登陆小行星的探测器。在研究爱神星的过程中，会合－舒梅克号传回了爱神星内部构造、组成、矿物学及磁场等数据。

会合－舒梅克号

中国人自古就对无垠的宇宙充满向往，中国也是火箭的故乡。中华人民共和国成立后，在党和政府的领导下，无数科技工作者克服难以想象的困难，在航天科技战线取得了令人瞩目的成绩！

十九

东方红卫星的诞生

1 代号“651 工程”是什么意思

1965 年，党中央批准了研制第一颗人造地球卫星的计划，代号“651 工程”。之所以称“651”，是因为 1965 年 1 月 8 日，钱学森建议将暂停研制的人造卫星重新上马并列入国家任务的缘故。

在中国研制人造卫星确实面临极大困难，不仅没有前人经验可供借鉴，而且它所涉及的行业与技术、广泛性与复杂程度亦是空前的。为了促进各有关部门尽快地进入卫星研制实际工作，国防科委决定组织军、民有关单位对首颗卫星的技术方案加以具体论证，集思广益。论证会从 1965 年 10 月 20 日开始，由于所涉及的内容庞杂，问题繁多，直到当年 11 月 30 日才宣告结束。

会上，钱学森作了运载火箭研制总体思路的发言，他强调，发射卫星是一项庞大的工程，涉及面很广，上至天文下至地理，要“敢”字当头，敢于开创自己的道路，还要从实际出发，循序渐进，必须有分工有协作。只要我们下决心，苦干努力，就一定能使我国第一颗人造卫星早日升空。

会议确定，我国第一颗卫星为科学探测性质的试验卫星，主要为发展我国对地观测、通信、广播、气象、预警等各种应用卫星取得基本经验和设计数据，具体任务是：测量卫星本体的工程参数；探测空间环境参数；奠定卫星轨道测量和无线电遥测遥控技术基础。大家一致同意中国第一颗卫星在整体重量、使用寿命、关键技术等方面要比苏、美等国的第一颗卫星先进，并做到“上得去，抓得住，测得准，听得见，看得到”，要努力做到一次成功，初战必胜。会上一致决定，将第一颗卫星命名为“东方红一号”，并在卫星上播放《东方红》音乐，让全世界人民听到。

装载《东方红》音乐装置和遥测装置的盒子

2 “651”设计院成立

1966 年 1 月，中国科学院卫星设计院宣布成立了，代号“651”设计院，公开名称是科学仪器设计院，赵九章担任院长，中国人造卫星的研制工作正式起步。

“651”总体组确定了东方红一号分系统的组成是《东方红》音乐装置、短波遥测、跟踪、天线、结构、热控、能源和姿态测量等。总体组与卫星办公室密切合作，将千头万绪的研制任务分解为一个个具体课题，制成数百张任务卡片，下达各研究所。

赵九章，“651”卫星设计院院长、中国卫星之父，1999 年被追授“两弹一星”功勋奖章。

自力更生，让我国的第一颗卫星上天，这是广大科技工作者多年的热切期望。中关村科学城里，白天可以看到大家忘我工作的场面，晚上科研和宿舍大楼依然灯火通明，一派繁忙景象。各分系统密切配合，东方红一号卫星研制进展非常迅速。

我国第一颗卫星模型

为确保卫星的质量，总体组提出东方红一号研制工作分为：模样、初样、试样和正样四个阶段。各分系统首先制作实验线路，组装出性能样机，证明技术上可行，生产上可能，由总体组指派验收组进行验收通过后出模样星。通过解决模样星总装试验中出现的问题，确定协调参数，在此基础上拟订各分系统的初样研制任务书。用初样产品总装出考核卫星结构设计、热控制设计等的结构星、温控星等。通过试验，改进，再试验，再改进，直至达到设计要求。然后协调确定研制试样星以及正样星的技术规范。

发射卫星最重要的是地面跟踪测轨问题。1966 年 1 月至 3 月，在“651”设计院组织有关专家对短弧段跟踪定轨进行大量模拟计算和分析研究的基础上，肯定多站多普勒独立测轨的方案，使我国中低轨道卫星的跟踪测轨系统形成中国自己的特色。3 月 22 日至 30 日，在地面观测系统方案论证会上，审定了各分系统的方案。不久，在 4 月召开的两次轨道选择会议上，根据实际需要和可能，与会者一致作出了将轨道倾角从 40 度左右增大到 70 度左右的结论，不仅根本改善了卫星轨道的总体性能，而且可节省地面站建设的大量投资。

在基地方面，为了保证东方红一号的发射，从 1965 年起，就开始重新建造可以发射多级火箭和人造地球卫星的发射场。1966 年底，基地接受了卫星地面跟踪观测台、场站的总体设计、设备安装、基建和机构组建等任务。

东方红一号卫星在总装厂

3 中国空间技术研究院成立

1968 年 2 月 20 日，划归国防科委建制的中国空间技术研究院宣告成立，钱学森被任命为首任院长。

中国空间技术研究院

1969 年 8 月 27 日，第一枚进行预期飞行试验的两级火箭竖在发射架上。火箭竖起的当天，便惊动了美国和苏联。他们关注的不仅是卫星，而且是火箭能打多远。如果火箭能使卫星脱离地球轨道并定点成功，就说明已具备了发射洲际导弹的能力。

9 月 3 日，两枚中远程火箭运抵东风基地（即酒泉卫星发射中心）。随即给火箭通电，开始进行垂直测试。测试中，发现了二十多处技术故障。其中两个陀螺仪，尤其是水平陀螺仪的问题最为严重。当充气压力加大以后，陀螺仪出现振动并伴有异响，漂移量更超出了允许范围，只能带回北京进行改进。

陀螺仪是提供导弹飞行基准的仪器，如果它出问题，飞行参数就不准了，通俗地说，就是偏离目标了。送回北京的陀螺仪，经测试分析证实，在低温、低压条件下，

酒泉卫星发射中心

轴承出现不正常的振动，导致输出漂移量明显增大，以致影响正常工作。10 月 15 日，改进后的陀螺仪，被运回东风基地，重新进行安装测试。

11 月 1 日，东风基地下达东方红一号人造地球卫星发射任务指示，发射前的准备工作紧张地开始了。东方红一号正式发射前，必须对新改进的中远程火箭进行飞行试验，以保证卫星发射的成功。

可当时的跟踪测量技术不过关，并没有得到导弹打到预定落区的报告。发射一结束，钱学森等就回到了基地。头一件事就是向落区测量站询问任务执行情况。落区参谋长报告说："到现在，全站没有一个人发现目标。"即使不能进行实时跟踪，如果火箭能够正常进入落区上空，观测人员凭肉眼也能发现目标。这就意味着，火箭不知道飞到哪里去了。甚至不知道有没有飞出国界，最坏的情况是落在苏联境内，这将引起涉外事端，甚至引发战争。

在当时，主要依靠的是光学电影经纬仪来跟踪火箭飞行轨迹。这种光学仪器受天气的影响很大，同时火箭关机后光辐射消失，它也不能提供记录，而且其记录媒体是胶片，要等胶片冲洗出来，才能判读、计算出结果。这个过程至少需要两至三天的时间。如果这枚火箭真的飞出国境，即使结果出来也太晚了。

庆幸的是，不久就传来在川南无人区发现火箭残骸的报告。虽然没有酿成国际争端，但也引起国际舆论一片哗然。

1970 年 1 月 30 日，第二枚两级火箭发射成功。一二级火箭分离成功。火箭高精度击中目标。2 月，国防科委向东风基地下达了发射东方红一号任务的预先号令。2 月 4 日，长征一号火箭从北京总装厂乘专列出发。几天后，安全送达基地。而这时，是采取两步走还是一步到位的发射方案，出现了不同的意见。两步走是用一枚火箭先发射一个与卫星同重量的实验物体，成功后再进行“星箭合一”的发射。最终，国防科委决定采用一步到位发射方案。

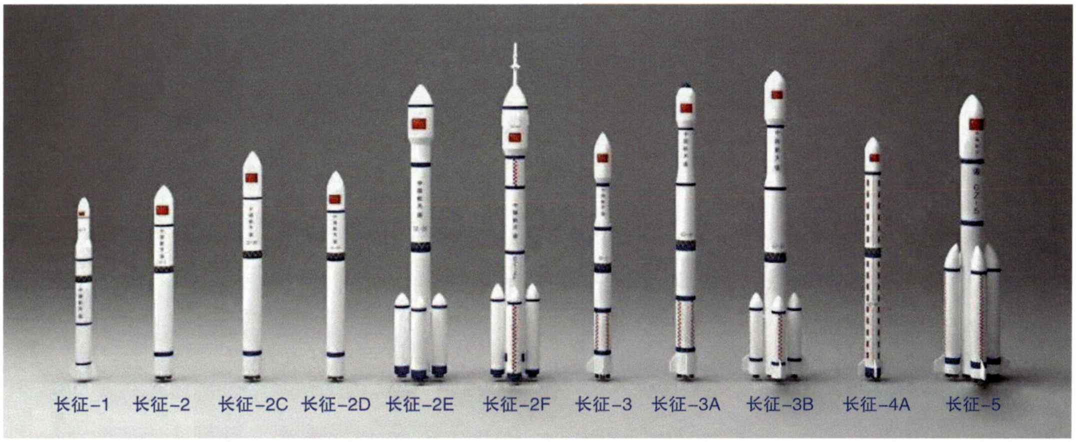

中国“长征”系列运载火箭

4 中国首枚卫星发射成功

1968 年初，在克服了各种技术难题后，东方红一号横空出世，卫星的初样研制完成。

东方红一号卫星初样和发射时的大体相同，直径 1 米，72 个铝合金面闪闪发光，里面的“五脏六腑”基本就位。

东方红一号卫星

1970 年 4 月 1 日，装载着 2 颗东方红一号卫星和一枚长征一号运载火箭的专列抵达我国酒泉卫星发射中心。

1970 年 4 月 24 日 21 时 35 分发射，运载火箭一、二、三级工作正常，卫星与火箭分离正常，卫星准确入轨。卫星运行轨道近地点高度 441 千米，远地点高度 2368 千米，轨道倾角 68.5 度，轨道周期 114 分钟。

装载着东方红一号卫星的长征一号运载火箭

东方红一号发射成功后，群众庆祝的场景

晚上 10 点，东方红一号卫星播送的《东方红》乐曲响遍全球，震惊了世界。

东方红一号卫星的发射成功使中国成为世界上继苏联、美国、法国和日本之后第五个完全依靠自己的力量成功发射人造卫星的国家。虽然它比苏联发射的第一颗人造卫星晚了 13 年，但是它的质量超过了前四个国家第一颗卫星质量的总和。中国从此正式进入了航天时代。

从 1992 年启动载人航天工程到 1999 年神舟一号试验飞船起飞，从神舟五号一人飞天到神舟六号两人飞天，从神舟七号太空行走到神舟十号全面突破空间交会对接技术……30 年来，中国载人航天突破了一次次重大难关，实现了一系列从梦想到现实的飞跃。

中国空间站是以天和核心舱、问天实验舱、梦天实验舱三舱为 T 字构型的空间站，彰显了中国人的才智，体现了中国高科技发展的水平。

二十

中国载人航天发展历程

"921 工程"的来龙去脉

1987 年 4 月，中国航天机关总部，发起了运载火箭及天地往返系统的招标通知，相关科研单位很快就提出了 11 种方案，经过一年左右的筛选，最终有 6 种方案脱颖而出。6 个方案中，有 5 个是关于航天飞机的，只有一个是飞船。

"飞船方案"的主张者们认为，载人飞船既可搭乘航天员，又可向空间站运输物资，还可作为空间站轨道救生艇用，而且价格低，符合中国的国情。

"两弹一星"功勋科学家王希季院士回忆说，开始大部分的人都主张上航天飞机，他们说这才是最先进最现代化的，应该一次性到位。但他认为中国还很穷，国家大，到处需要花钱。另外，搞航天飞机难度高，风险也大。他举例说，像美国挑战者号升空几十秒爆炸，一次牺牲 7 名航天员，中国是承受不了的。会后，征求钱学森意见，

"两弹一星"功勋科学家王希季

科研人员正在测试天宫一号

钱学森说，要踏踏实实地，一步一个脚印走，他也赞成搞飞船。所以说，如果没有钱学森，中国人至今也进入不了太空。

到了 1991 年，虽然定下来了搞飞船，但是，最初确定搞一个什么样的飞船方案，也经历了比较激烈的争论。

当时有专家提出了三舱方案，但也有人认为，中国第一次搞飞船，没有太多经验和基础，不能一步登天，也有专家提出了两舱方案，设计起来比较简单，保险系数高。但最终还是采用了三舱方案。

1992 年 9 月 21 日，决定在国防科工委设立中国载人航天工程办公室，并把这项工程命名为“921 工程”。

2 什么是“921 工程”三步走

“921 工程”确定了三步走的发展战略。

第一步，发射载人飞船，开展空间应用实验。第二步，突破载人飞船和空间飞行器交会对接技术，发射空间实验室，解决有一定规模的、短期有人照料的空间应用问题。第三步，建造载人空间站，解决有较大规模的、长期有人照料的空间应用问题。

航天员杨利伟搭乘神舟五号飞船在轨飞行 14 圈，历时 21 小时 23 分，顺利完成各项预定任务后返回地球，标志着“921 工程”第一步完成。天宫二号与神舟十一号、天舟一号完成交会对接任务，标志着“921 工程”第二步任务圆满完成。2022 年梦天实验舱成功发射，完成空间站三舱“T”字构型的建造，全面实现“921 工程”的第三步战略目标。

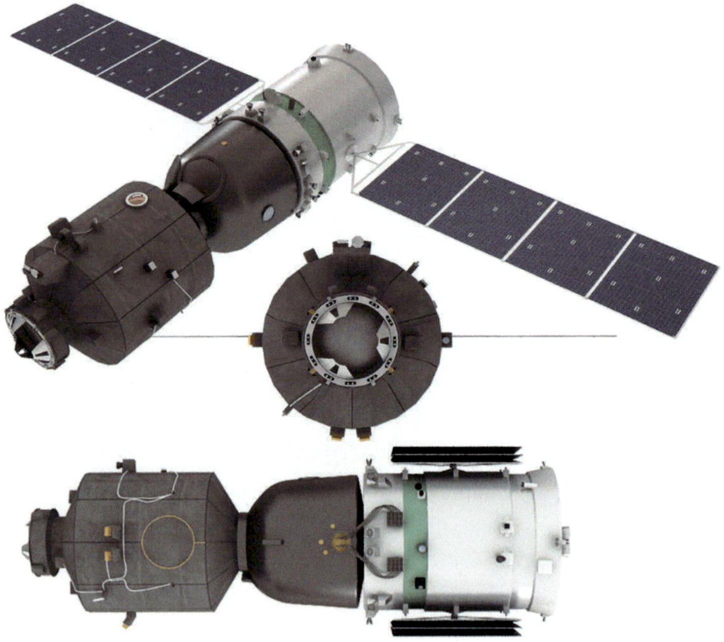

从不同角度看神舟飞船

3 进入无人飞船研制阶段

1999 年 11 月 20 日，神舟一号无人飞船在酒泉卫星发射中心，由长征二号 F 火箭发射成功。这是中国飞船首次入轨飞行试验，考核了火箭的性能和可靠性，验证了飞船关键技术和系统设计的正确性，以及包括发射、测控通信、着陆回收标等地面设施在内的整个系统工程的协调性。

2001 年 1 月 10 日神舟二号飞船发射，首次在飞船上进行了诸多领域的实验。2002 年 3 月 25 日，神舟三号无人飞船成功发射。这一次，不仅是飞船和火箭性能有所提升，飞船还搭载了 10 项 44 台有效载荷设备，完成了预定的全部科学试验和探测任务。2002 年 12 月 30 日，神舟四号无人飞船成功发射升空。这艘飞船的配置、功能、技术状态与载人飞船基本相同，载人航天应用系统、航天员系统、飞船环境控制与生命保障分系统全面参加试验，取得大量宝贵的飞行试验数据和科学资料。

神舟一号的返回舱

4 进入载人飞船试验阶段

2003 年 10 月 15 日，中国航天员杨利伟乘坐神舟五号飞船进入太空。他在轨飞行 14 圈，历时 21 小时 23 分，顺利完成各项预定任务后，人船安全返回。至此，我国成为第三个独立掌握载人航天技术的国家，中华民族千年飞天梦想终于实现！

2005 年 10 月 12 日，航天员费俊龙、聂海胜搭乘神舟六号飞船升空，实现了中国首次两人多天在轨飞行。

2008 年 9 月 25 日，长征二号 F 运载火箭在酒泉卫星发射中心将神舟七号飞船托举上天，航天员翟志刚、刘伯明、景海鹏被送入太空。9 月 27 日，翟志刚、刘伯明成功实施了中国航天员首次出舱活动和小卫星伴飞，完成了多项技术试验，五星红旗首次在太空飘扬。

中国第一位进入太空的航天员杨利伟

5 进入空间站关键技术试验阶段

2010 年 9 月 25 日，中国载人空间站工程正式启动实施。

2011 年 9 月 29 日，天宫一号目标飞行器发射升空。11 月 1 日，神舟八号飞船成功发射。11 月 3 日，这艘无人飞船与天宫一号目标飞行器实现了中国航天器首次在轨交会对接，为载人空间站组装建设打下了技术基础。

2012 年 6 月 16 日，航天员景海鹏、刘旺、刘洋搭乘神舟九号飞船飞上苍穹。6 月 18 日，神舟九号飞船与天宫一号目标飞行器自动完成中国首次载人航天器在轨交会对接，形成组合体。3 名航天员进入天宫一号之后，完成了手动姿态控制交会对接试验、空间医学实验等任务。

2013 年 6 月 11 日，神舟十号飞船发射升空，航天员聂海胜、张晓光、王亚平成

神舟九号三名航天员安全返回

功飞天，并于 6 月 13 日入驻天宫一号目标飞行器，陆续开展了航天医学实验、技术测试等。值得一提的是，由女航天员王亚平主讲，天地连线，中国圆满完成了首次太空授课。

2016 年 6 月 25 日，为发射货运飞船而全新研制的长征七号火箭在海南文昌航天发射场点火升空，首次发射任务圆满成功。9 月 15 日，搭载天宫二号空间实验室的长征二号 F 火箭在酒泉卫星发射中心升空。空间实验室的主要任务是接受载人飞船和货运飞船访问，开展空间科学实验和相关技术试验，验证空间站建造和运营相关关键技术。10 月 17 日，搭载神舟十一号飞船的长征二号 F 火箭在酒泉卫星发射中心发射，将航天员景海鹏、陈冬送入太空。10 月 19 日，2 名航天员进入天宫二号空间实验室，开展多方面实验和技术测试。

2017 年 4 月 20 日，搭载天舟一号货运飞船的长征七号火箭在海南文昌航天发射场发射。4 月 22 日，天舟一号货运飞船与天宫二号空间实验室顺利完成自动交会对接。4 月 27 日，两者成功完成中国首次推进剂在轨补加试验，使我国成为第三个独立掌握这一关键技术的国家。此后，天舟一号货运飞船完成了多项拓展应用和相关试验。

6 建设中国空间站

2020年5月5日，长征五号B火箭搭载新一代多用途载人飞船试验舱、柔性充气式货物返回试验舱，从海南文昌航天发射场点火升空，中国空间站阶段的首次飞行任务告捷。新一代载人飞船试验舱完成了太阳帆板展开及捕获太阳、中继天线展开并建立中继通信链路和4次自主轨控等一系列工作。在空间站关键技术验证阶段，天和核心舱与2艘载人飞船、2艘货运飞船先后发射。

搭乘神舟十三号飞船进入空间站的王亚平是第一位进行太空行走的中国女航天员

2021年4月29日，搭载空间站天和核心舱的长征五号B火箭在文昌航天发射场发射升空。天和核心舱是中国空间站发射入轨的首个舱段，主要用于空间站统一控制和管理。5月29日，天舟二号货运飞船在文昌航天发射场由长征七号火箭发射升空，5月30日，天舟二号货运飞船精准对接于天和核心舱后向端口，运送了航天员生活物资、舱外航天服及空间站平台设备、应用载荷和推进剂等。6月17日，酒泉卫星发射中心，神舟十二号飞船由长征二号 F 火箭发射升空，并成功对接天和核心舱。航天员聂海胜、刘伯明、汤洪波在太空工作生活 90 天，验证了航天员长期在轨驻留、再生生保等一系列关键技术。9 月 20 日，搭载天舟三号货运飞船的长征七号火箭在文昌航天发射场点火发射。天舟三号货运飞船运载了可支持 3 名航天员半年的在轨驻留物资、空间站备份设备、空间科学载荷等，在停靠期间能为空间站并网供电。10 月 16 日，神舟十三号飞船搭载长征二号 F 火箭，在酒泉卫星发射中心点火升空，与天和核心舱完成自主交会对接。航天员翟志刚、王亚平、叶光富先后进入天和核心舱，3 名中国航天员首次在轨驻留 6 个月，这也是未来空间站航天员常态化驻留周期。

2022 年 4 月 16 日，神舟十三号载人飞船返回舱在东风着陆场成功着陆。5 月 10 日，搭载天舟四号货运飞船的长征七号火箭在文昌航天发射场点火发射。之后，天舟

主体为 T 字构型的中国空间站

四号货运飞船成功对接天和核心舱后向端口，送去大量货物及试验载荷。6 月 5 日，搭载神舟十四号载人飞船的长征二号 F 火箭在酒泉卫星发射中心点火发射。飞船成功对接于天和核心舱径向端口，航天员陈冬、刘洋、蔡旭哲依次进入天和核心舱，然后又进入天舟四号飞船。他们还将与地面配合完成 2 个实验舱与核心舱的交会对接、转位，建成国家太空实验室，继续进行科学实验机柜解锁、安装和其他出舱工作，开展科普和公益活动等。

在神舟十四号飞船乘组任务期间，7 月 24 日，搭载问天实验舱的长征五号 B 火箭在文昌航天发射场点火发射。7 月 25 日，问天实验舱成功对接于天和核心舱前向端口，当日迎来航天员入驻。10 月 31 日梦天实验舱发射升空，11 月 12 日天舟五号货运飞船搭载长征七号遥六运载火箭发射升空，为空间站送去补给，11 月 29 日神舟十五号载人飞船发射成功，运送 3 名航天员前往空间站“接班”，6 名中国航天员“会师”太空。